私享家
ENJOY LIFE

"手作特饮"系列

鲜榨蔬果饮

彭依莎 编著

图书在版编目（CIP）数据

鲜榨蔬果饮 / 彭依莎编著. -- 北京 : 中国轻工业出版社，2019.6
（“手作特饮”系列）
ISBN 978-7-5184-2423-8

Ⅰ. ①鲜… Ⅱ. ①彭… Ⅲ. ①蔬菜—饮料—制作②果汁饮料—制作 Ⅳ. ① TS275.5

中国版本图书馆 CIP 数据核字（2019）第 057246 号

责任编辑：朱启铭　　策划编辑：朱启铭　　责任终审：劳国强
封面设计：奇文云海　　版式设计：金版文化　　责任监印：张京华
图文制作：深圳市金版文化发展股份有限公司

出版发行：中国轻工业出版社（北京东长安街 6 号，邮编：100740）
印　　刷：北京博海升彩色印刷有限公司
经　　销：各地新华书店
版　　次：2019 年 6 月第 1 版第 1 次印刷
开　　本：720×1000　1/16　印张：10
字　　数：120 千字
书　　号：ISBN 978-7-5184-2423-8　　定价：45.00 元
邮购电话：010-65241695
发行电话：010-85119835　　传真：010-85113293
网　　址：http://www.chlip.com.cn
Email:club@chlip.com.cn
如发现图书残缺请直接与我社邮购联系调换
170316S1X101ZBW

Projections vary,

目录
CONTENTS

第1章　自己动手做蔬果汁吧

第2章　天然营养蔬果汁

第3章　健康新概念——蔬果昔

第4章　浓香蔬果拿铁

第5章　时尚现制蔬果茶

附录：蔬果醋

第1章

自己动手做蔬果汁吧

选好工具，搭配蔬果，
备好适当的调味品。
美味蔬果汁的健康秘密，
正在等待您的发现！

制作蔬果汁的工具

榨汁机、水果刀和称量器具是制作果汁的必备工具，来认识一下吧！

果汁机

果汁机的钢刀能将食材搅碎，搅打出含有高纤维、高营养价值的蔬果泥。再将蔬果泥过滤，就能得到口感顺滑的蔬果汁。旧款的果汁机多是 2 片钢刀，现多以 4 片或 6 片钢刀上下交错设计为主，搅打时能更快速、均匀。

水果刀

水果刀常被用来对瓜果进行预加工。有些水果质地较软，比如草莓、香蕉等，使用锋利的水果刀，对果肉的损伤较小。可以选择陶瓷刀，其不仅刀刃锋利，而且不会生锈，还能避免蔬果沾上金属的异味。

量杯

选择一个容量为200～300毫升的塑料或玻璃量杯，用来测量液体的体积。如果家里一时找不到量杯，可用一次性纸杯进行估量，一个普通大小的一次性纸杯的容量大约为200～250毫升。

量勺

量勺用来称量糖、盐、肉桂粉、胡椒粉、熟黄豆粉等粉末状调味料或少量的液体状食材。 1 大勺约 15 克 ,1 小勺约 5 克。大部分量勺还有1/2 大勺、1/2 小勺等容量。“少许”的分量在 1/6 小勺以下。

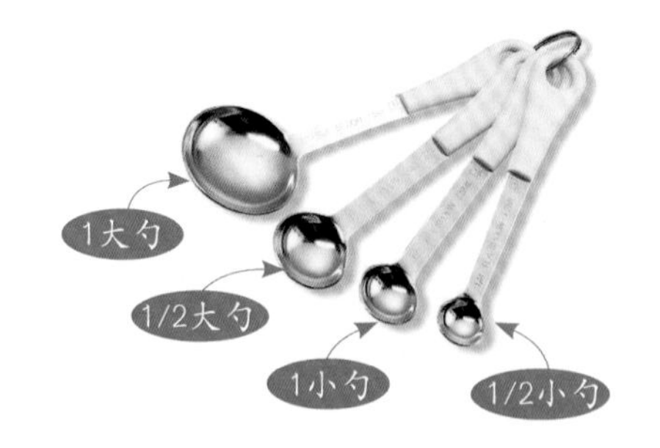

榨汁机

为了充分吸收蔬果中的重要营养素——膳食纤维，可以使用不带过滤功能的榨汁机，以免使蔬果汁的营养价值大打折扣。优质的蔬果汁既含有蔬果的果肉，口感又顺滑，因此在挑选榨汁机时，不妨多考虑一下机器的功率和刀片的打磨力。

蔬果沥水篮

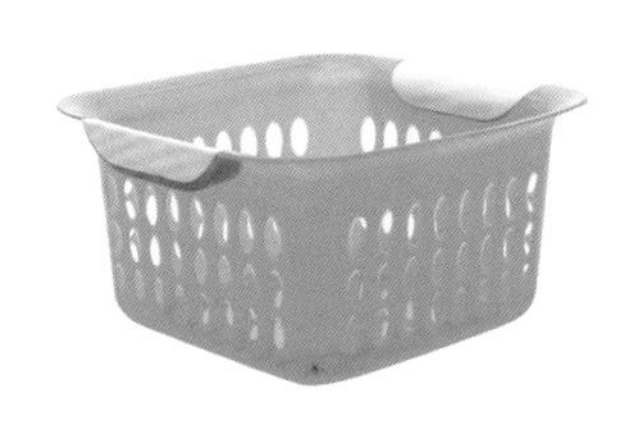

清洗干净的蔬果若没有沥干水分，蔬果汁就会被水分稀释，破坏原有的风味。蔬果沥水篮利用重力的原理，将水分沥干。

削皮器

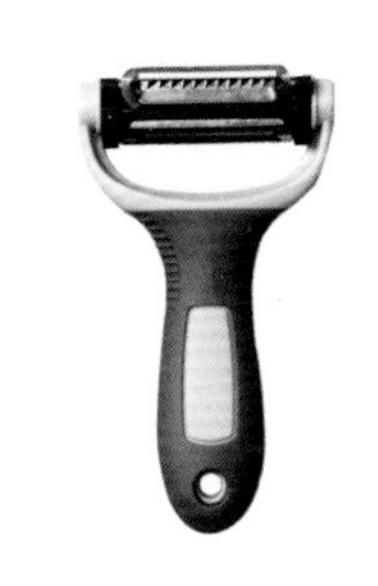

主要用来削去蔬果外皮，如土豆、胡萝卜、木瓜等；也可以用来将食材削成薄片状。

刨丝器

刨丝器的刀片与削皮器一样，建议选购较耐用的不锈钢或陶瓷材质刨丝器，因为其他金属材质的刀具可能会因为长期使用而生锈、变钝。

蔬果汁的基础做法

制作蔬果汁的方法很简单，一是选择食材，二是加工榨汁。

选择食材

选择应季蔬菜或水果

应季的食材色泽鲜艳且多汁，口感很好，又富含维生素、矿物质等。更棒的是，相较于其他季节，可以用更便宜的价格买到更新鲜的食材。

选择熟透的水果

水果完全成熟时，酶的含量最多，香气和口感也最佳，尤其是菠萝、猕猴桃、芒果等香气浓郁的水果。买到未完全成熟的水果也没关系，可以先放一阵子，等成熟后再制成蔬果汁。

加工榨汁

清洗

连皮一起榨汁的苹果或葡萄等水果一定要清洗干净，要用流动水多冲洗几次。草莓要去蒂，果肉之间凹凸不平的地方可以用软刷刷洗干净。

去皮、切食材

香蕉、猕猴桃等食材要去皮，橙子皮等较厚的果皮可以用刀削去或切去。为避免农药残留，一些蔬菜外面的几片叶子最好剥去不要。

搅拌、倒出

先往榨汁机中放入蔬菜或水果，再加水、豆浆、蜂蜜等，然后盖上盖子，按下开关键开始搅拌，一般需15～60秒，时间可根据食材的软硬度决定。完成搅拌后倒出蔬果汁即可。

蔬菜和水果的黄金搭配组合法

水果和蔬菜是蔬果汁的基本食材，好的配方，则是让蔬果汁更美味的秘籍。

主要食材

根据个人口味或健康需求挑选主要食材，作为一款蔬果汁的基础材料。

菠菜

番茄

甜味食材

可选择一些味道偏甜的水果或糖类来增添甜味；也可以根据个人需求省略这一步。

香蕉

蜂蜜

水分

通常蔬果汁榨取需要添加水分，一般选用清水，也可加入牛奶、茶水、豆浆等。

牛奶

清水

调节风味的食材

可以在榨好的蔬果汁上撒一些坚果碎、饼干碎、香料，以增添不同风味。

肉桂粉

开心果

=

美味蔬果汁

根据这条规律，就可以自己创造出更多口味独特的美味蔬果汁了。

菠菜昔

番茄汁

让蔬果汁更美味的秘密

蔬菜水果的种类繁多，口感也各不相同。但只要掌握了一定的诀窍，你马上就能知道哪些蔬果搭配在一起更美味、营养！

❶ 学会“补水”和“增甜”

对于含水度和甜度不够的食材，需要为它们选择合适的“搭档”，以增加成品的润滑度和甜度。

有些食材本身含水量少，比如芹菜、香蕉、苹果、草莓等，选择这类食材制作蔬果汁时，要同时加入一些能够增加水分的食材，如橙子、葡萄、豆浆、酸奶等。有些食材（如蔬菜）甜味不够，想要补充甜味，就需要加入香蕉、芒果等甜度较高的水果，还可加些蜂蜜。

❷ 同色系食材更适合搭配

将蔬菜与水果搭配时，如果你对口感把握不准，那么选择同色系的食材，口感一定不会差。

根据蔬果的颜色，可以将蔬果大致分为绿色系、黄橙色系、红色系、白色系、紫黑色系 5 个种类。同色系的蔬菜与水果在口感上更相近，搭配在一起更和谐。比如，绿色系的芹菜搭配青苹果，味道比搭配红苹果好，更能突出二者的清香；黄色系的黄甜椒搭配橙子，味道也比搭配草莓好；而红色系的番茄与草莓会更搭。

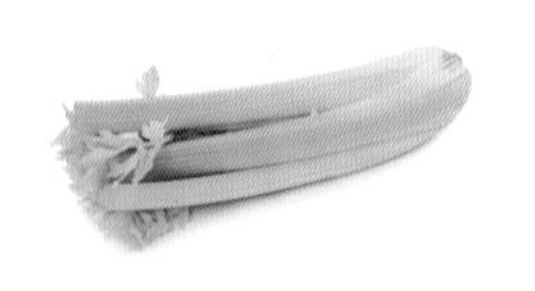

❸ 增加“香气”

如果选择的食材都没有什么“亮点”，但出于营养功效考虑又不想换成别的食材，那么不妨为它们增加一些香味。

增加清香：加入柠檬或者青柠，可以带来温和的香气与清凉感，让蔬果汁口感更有层次；薄荷可以带来沁凉风味，适合与桃子、哈密瓜、柑橘类水果等搭配。

增加辛香：蔬果汁中不妨加入一些具有香辛味的调料，比如肉桂粉、黑胡椒粉等，更添风味。

增加醇香：对于味道寡淡的蔬菜，如胡萝卜，可以加入些坚果一起榨汁，以增加香气和丰富口感。此外，还可以加一些香气浓郁的水果，如牛油果、香蕉等。

开启蔬果汁健康生活的四大要点

如果坚持每天饮用蔬果汁，你慢慢就会发现身体发生着令人惊奇的改变。那么，下面这四大要点务必记牢哦！

❶ 早上是喝蔬果汁的最佳时间

蔬果汁有益健康，是因为其富含多种促进身体新陈代谢的酶以及有助于延缓衰老的抗氧化物质。每天早上起床后，先喝一杯温开水促进血液循环，接着喝一杯富含酶的新鲜蔬果汁，可以改善代谢功能，逐渐培养出自然变瘦的体质，而且不会出现因为节食减肥而发生的便秘、皮肤粗糙、情绪焦虑等不适症状，让你一整天都充满活力。

❷ 选择当地应季盛产的蔬果作为原料

刚开始饮用自制蔬果汁时，会很烦恼用什么样的食材最好。选择食材的总原则是新鲜，其次是挑选自己喜欢的。建议从最基本的柑橘类水果、香蕉、胡萝卜等食材入手，逐渐摸索出适合自己的最优搭配。此外，建议选择当地应季的盛产蔬果，这样能够保证食材新鲜，更有益于健康。

❸ 蔬果汁榨好后一定要马上饮用

鲜榨蔬果汁最讲究鲜度，因为此时蔬果中的营养素大部分已经溶出，它们会在数分钟内失去功效，尤其容易流失的是酶和维生素 C。此外，久置的蔬果汁会出现分层现象，口感也大打折扣，因此榨好的蔬果汁一定要马上饮用。另外，如果一时喝不完，可以放入冰箱冷冻室急冻，制成果汁冰块或者沙冰。此外，加入柠檬汁可在一定程度上延缓蔬果汁氧化变色的过程。

❹ 保持轻松，才能持之以恒

当你决定每天坚持饮用蔬果汁时，千万不要有任何压力，偶尔晚起或者没时间弄，不要紧，第二天继续就可以了。一旦有压力，很可能因为一两次没有坚持就彻底放弃了这个计划，从而无法享受新鲜蔬果汁带来的健康体验。没时间制作蔬果汁的时候，直接食用新鲜的蔬果，也能达到同样的效果。

蔬菜分六色，各色有分工

以前人们常说五色蔬菜（即绿、红、黄、白、黑）与五脏对应，其中并不包含紫色蔬菜。而今，随着紫色蔬菜越来越得到重视，人们终于将紫色蔬菜与“五色蔬菜”提到了同样高的位置。

人们发现，蔬菜营养功效的高低与蔬菜本身的颜色存在密切的联系，简单来说，就是颜色越深营养价值越高。营养价值从高到低依次为：黑色、紫色、绿色、红色、黄色、白色。不同颜色的蔬菜，其蕴含的营养物质也各不相同；同样道理，在同一种类的蔬菜中，深色品种比浅色品种更有营养。因此，在蔬菜的选择上，五颜六色搭配在一起，不仅可以增进食欲，而且营养更丰富而均衡。

黑色蔬菜养胃

黑色蔬菜有黑茄子、黑香菇、黑木耳等。黑色蔬菜能刺激人的内分泌和造血系统，促进唾液的分泌，有益肠胃，进而促进消化。例如，黑木耳就具有帮助消化食物纤维类物质的特殊功能，还可使头发乌亮、牙齿坚固。此外，它还含有一种能抗肿瘤的活性物质，可预防食道癌、肠癌、骨癌。

紫色蔬菜抗氧化

以紫色为主的蔬菜有紫茄子、紫洋葱、紫扁豆、紫山药、紫甘蓝、紫辣椒等。这类蔬菜富含维生素 P，其胡萝卜素含量少于绿色蔬菜，但多于白色蔬菜。紫色蔬菜中含有一种很特别的物质——花青素。花青素除了具备很强的抗氧化、预防高血压、减少肝功能障碍等作用之外，对于改善视力、预防眼部疲劳也有不错的功效。对女性来说，花青素还是抗衰老的好帮手，其良好的抗氧化功能，能帮助调节人体自由基。长期使用电脑或者看书的孕妈妈，更应多吃紫色蔬菜。

绿色蔬菜养肝

常见的绿色蔬菜有芹菜、菠菜、豌豆、黄瓜、西蓝花等。绿色蔬菜具有舒肝强肝的功能，是良好的人体“排毒剂”。这些蔬菜对高血压及失眠有一定的改善作用，并有益肝脏。绿色蔬菜还含有酒石黄酸，能有效阻止糖类转变成脂肪。

红色蔬菜养心

常见的红色蔬菜有红辣椒、红薯、胡萝卜等。红色食物一般具有极强的抗氧化性，它们富含番茄红素、单宁酸等，可以保护细胞，具有抗炎作用。红色蔬菜进入人体后可入心、入血，大多具有益气补血和促进血液、淋巴液生成等作用。红色蔬菜中所含的维生素和其他红色素，可为预防疾病提供保证。

黄色蔬菜养脾

黄色蔬菜给人清新脆嫩的视觉感受，包括南瓜、金针菜、黄心番薯、黄豆芽等。黄色蔬菜大都可提供优质蛋白、脂肪、维生素和其他微量元素等，常食对脾胃大有裨益。此外，在黄色食物中维生素 A、维生素 D 的含量均比较高，可以减少胃炎、胃溃疡等疾病的发生，还能起到壮骨强筋之功效。

白色蔬菜养肺

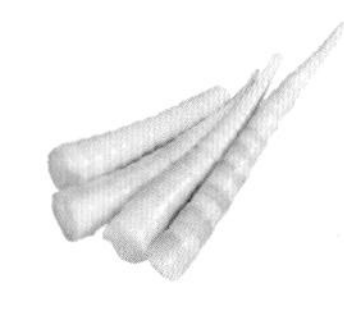

常见的白色蔬菜有莲藕、白萝卜、竹笋、茭白、花菜、冬瓜、白色洋葱、大蒜等。大多数白色食物蛋白质含量都比较高，经常食用白色蔬菜既能消除身体疲劳，又可促进病体康复，能起到缓解情绪、调节血压和强化心肌的作用。

所以，为了满足人体对多种营养物质的需要，在选购蔬菜的时候，不仅要考虑自身的习惯和爱好，更重要的是应当兼顾蔬菜颜色的深浅，尽量做到蔬菜品种多样化。

吃水果的五大禁忌

水果风味佳，口感好，适合生食，无须烹饪，食用时间、方式较为随意。不过，从营养角度来看，怎么食用水果还真有些讲究。以下五大禁忌尤其需要注意。

❶ 用水果代替蔬菜

水果中含有有机酸和芳香物质，在促进食欲、帮助营养物质吸收方面具有重要作用，而且水果不需烹调，没有营养流失问题。但水果中矿物质和维生素的含量远远低于蔬菜，如果不吃蔬菜，只吃水果，不足以提供足够的营养物质。就维生素 C 的含量来说，廉价的白菜、萝卜都比苹果、梨、桃子等高 10 倍左右，而青椒和花菜的维生素 C 含量是草莓和柑橘的 2 ~ 3 倍。所以，每天食用 500 克左右的蔬菜是必不可少的。

❷ 用水果代餐

人体共需要近 50 种营养物质才能维持生存，特别是每天需要 40 克以上的脂肪，以维持组织器官的更新和修复。通常水果含水量在 85%以上，蛋白质含量却不足 1%，几乎不含人体必需的脂肪酸，远远不能满足人体的营养需求。所以水果只可做正餐的补充，虽然好吃但勿贪食。

❸ 多吃水果来减肥

糖分摄入过多是增重的原因之一。实际上，水果并非能量很低的食品。它们具有令人愉悦的甜味，其糖分含量往往极高，而且是容易消化的单糖和双糖。按同等重量算，水果所含热量比米饭低，但因为水果味道甜美常让人“爱不释口”，很容易吃得过多，所以摄入的糖分往往在不经意间就超标了。可见，吃水果减肥并不可靠。

❹ 迷信高档进口水果

许多人以为昂贵的“洋水果”一定营养价值更高，其实不然。进口水果在运输途中便已经开始发生营养物质的降解，新鲜度并不理想。而且，因为要长途运输，往往不等水果完全成熟便采摘下来，通过化学药剂保鲜，此举也可能影响水果的品质。所以，购买“洋水果”时务必擦亮眼睛，看清品质。

❺ 单靠水果补充维生素

人体共需要 13 种必要维生素，它们来自于多种食品，想单靠水果补充所有维生素是极不明智的。就拿维生素 C 来说吧，大多数水果的维生素 C 含量并不高，其他维生素的含量就更加有限。富含维生素 C 的水果有鲜枣、猕猴桃、山楂、柚子、草莓、柑橘等，而我们平时常吃的苹果、梨、桃、杏、香蕉、葡萄等水果的维生素 C 含量甚低。要满足人体一日的维生素 C 推荐摄入量，需要吃下 2.5 千克红富士苹果，这显然是不可能的。再比如，芒果是含胡萝卜素最多的水果，而柑橘、黄杏、菠萝等黄色水果只含有少量胡萝卜素。

第2章

天然营养蔬果汁

选用水分较多、颜色丰富的食材，
榨取天然的营养好味道。
鲜榨蔬果汁不仅能补充水分，
还能给身体补充多种维生素哦。

百里香枫糖柠檬汁

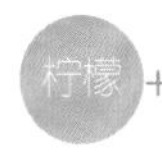

+

提神醒脑 / 杀菌 / 预防肾结石 / 健胃消食

材料

柠檬……………………………………10 克

鲜百里香……………………………5 克

枫糖浆………………………………15 克

风味

清水 ……………………………300 毫升

做法

1 柠檬洗净切块。

2 将柠檬块放入榨汁机中，倒入清水。

3 榨取柠檬果汁。

4 过滤后倒入杯中。

·美味 VS 健康·

百里香和柠檬都有独特的清新香味，加入枫糖浆，酸甜适口，具有抚慰情绪、提神醒脑的作用。

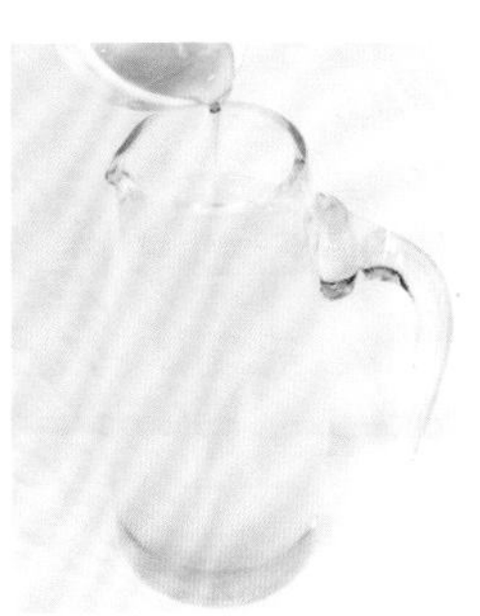

5 淋入枫糖浆。

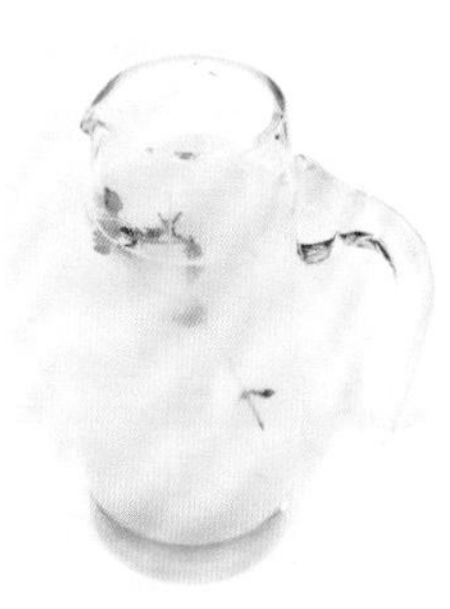

6 放入鲜百里香，冷藏 2 小时即可。

菠萝苏打水

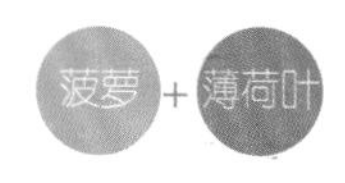

清胃解渴 / 防腐杀菌 / 利尿 / 化痰

材料

菠萝粒……30克

薄荷叶……1克

冰块……适量

风味

苏打水……500毫升

做法

1 在盛有苏打水的玻璃杯中，放入菠萝粒。

2 加入冰块。

3 放入薄荷叶。

4 插上吸管即可。

·美味VS健康·

自己做健康的果汁，让弱碱性的苏打水带来全新的饮用体验。

菠萝蔓越莓特饮

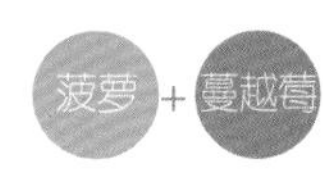

材料

菠萝粒……30 克

蔓越莓……20 克

冰块……20 克

风味

雪碧……500 毫升

做法

1 在备好的玻璃杯中，放入菠萝粒、蔓越莓。

2 倒入雪碧。

3 放入冰块。

4 搅拌均匀即可。

· 美味 VS 健康 ·

将菠萝与蔓越莓混合，清新爽口，又保留了独特风味。蔓越莓还有美容养颜的作用。

鲜橙胡萝卜雪梨柠檬汁

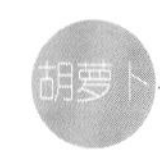

+ 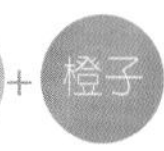

+ 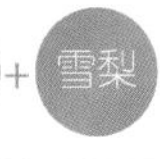

+ 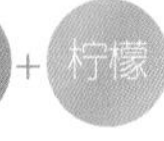

放松心情 / 预防心脏病 / 促进血液循环 / 预防胆囊疾病

材料

去皮胡萝卜……100克

橙子……150克

雪梨……80克

柠檬汁……5毫升

蜂蜜……15克

风味

清水……100毫升

做法

1 去皮胡萝卜切块。

2 橙子去皮，切瓣。

3 雪梨去核，切块。

4 将胡萝卜块、橙子瓣、雪梨块倒入榨汁机中。

5 加入柠檬汁、清水，榨汁，过滤。

6 倒入杯中，加入蜂蜜拌匀即可。

·美味VS健康·

香气迷人的橙子可助人放松心情。柠檬汁和蜂蜜带来的酸甜口感，有助于刺激食欲。

蜂蜜树莓汁

抗氧化 / 益肾 / 固精 / 养肝明目

材料

树莓……………………………50 克

蜂蜜……………………………10 克

风味

清水……………………………200 毫升

做法

1 将树莓洗净，放入榨汁机中。

2 注入清水。

3 启动榨汁机，搅拌均匀。

4 倒入杯中，加入蜂蜜拌匀即可。

· 美味 VS 健康 ·

树莓味道酸甜、口感软糯，含有大量的茶素、抗氧化黄酮、丰富的微量元素和钾盐，可以帮助调节体内的酸碱值，保持更好的气色。

蜂蜜蔓越莓柠檬汁

+
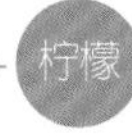

+

美容养颜 / 抗老化 / 止血 / 预防色素沉着

材料

鲜蔓越莓……40 克

柠檬……20 克

肉桂……10 克

蜂蜜……20 克

风味

清水……200 毫升

做法

1 柠檬片对半切开。

2 将部分鲜蔓越莓放入榨汁机中，加入清水，榨取果汁，过滤，倒入杯中。

3 放入剩余的鲜蔓越莓、柠檬片、肉桂、蜂蜜，浸泡 30 分钟即可。

· 美味 VS 健康 ·

蔓越莓表皮鲜红，味道酸甜，是一种天然抗菌保健水果，含有大量维生素 C，可抗老化、美容养颜、保持肌肤年轻健康。

彩虹果汁

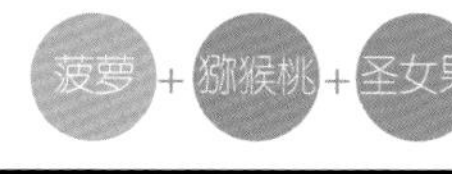

材料

去皮菠萝……80 克

去皮猕猴桃……75 克

圣女果……65 克

蜂蜜……30 克

清水……45 毫升

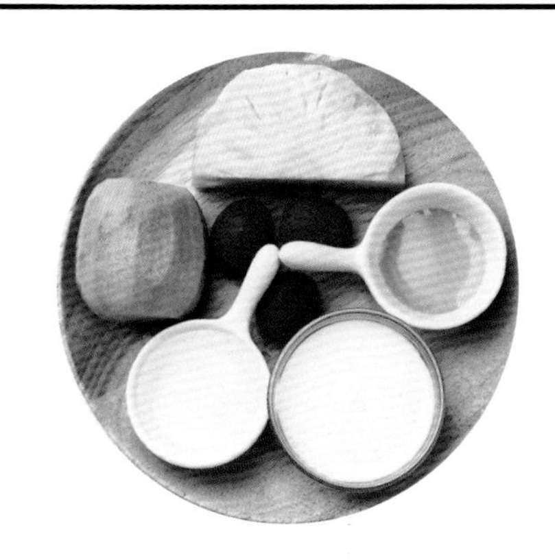

风味

牛奶……50 毫升

做法

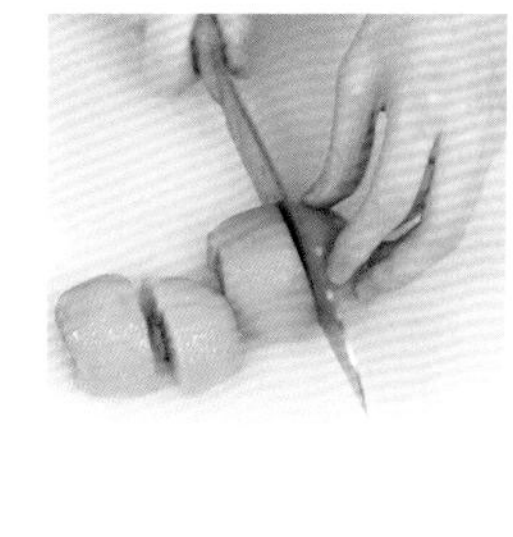

1 去皮的菠萝、猕猴桃切块；圣女果对半切开。

2 菠萝块加 15 毫升清水，榨成汁。

3 切好的圣女果加 15 毫升清水，榨成汁。

4 猕猴桃块加 15 毫升清水，榨成汁。

· 美味 VS 健康 ·

圣女果中含的烟酸能促进血液循环，使皮肤健康靓丽。菠萝能促进人体新陈代谢，消除疲劳感。猕猴桃能强化人体免疫系统，提高抗病能力。

5 取一只空杯，倒入牛奶。

6 加入 3 种榨好的果汁，淋上蜂蜜即可。

葡萄柚醋栗青柠檬汁

+

+
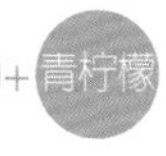

延缓衰老 / 软化血管 / 降低血脂和血压

材料

葡萄柚……150 克

红醋栗……40 克

青柠檬……20 克

风味

清水……200 毫升

做法

1 葡萄柚切开、去皮，再改切成块。

2 青柠檬挤出汁。

3 榨汁杯中倒入葡萄柚块、红醋栗。

4 加入青柠檬汁，倒入清水。

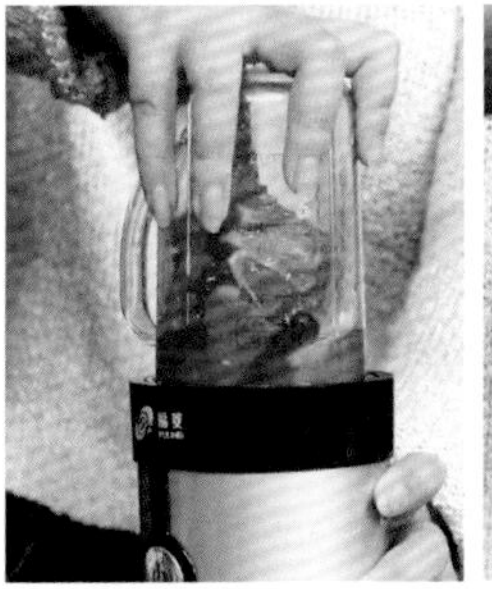

5 将榨汁杯安装在榨汁机上。

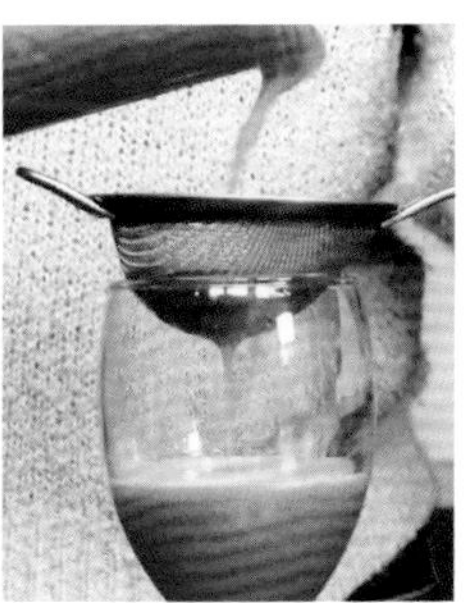

6 榨取果汁，过滤入杯中即可。

· 美味 VS 健康 ·

红醋栗香甜可口，葡萄柚清新微苦，加入清新淡雅的青柠檬汁，营养丰富，能延缓衰老，让人身心愉悦。

苦瓜柳橙汁

+

清热消暑 / 养血益气 / 降低胆固醇和血脂 / 缓解紧张情绪

材料

苦瓜……50 克

柳橙……90 克

白砂糖……10 克

风味

清水……200 毫升

做法

1 苦瓜去瓤，切块。

2 柳橙去皮，切块。

3 取榨汁机，倒入切好的苦瓜、柳橙。

4 加入清水，搅打均匀，加入白砂糖即可。

·美味 VS 健康·

柳橙中和了苦瓜的苦味。苦瓜具有清热消暑、养血益气、补肾健脾、滋肝明目等功效。

橘子荸荠甜瓜汁

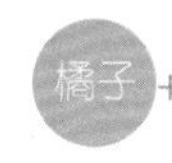

+

+

清热生津 / 美容养颜 / 保护肝脏

材料

橘子……150 克

荸荠肉……90 克

甜瓜……100 克

风味

清水……200 毫升

做法

1 荸荠肉切块；橘子去皮，剥成瓣；甜瓜去皮，挖成果球。

2 将橘子瓣、荸荠块、大部分甜瓜球放入榨汁机中，倒入清水，榨成果汁，过滤，装入杯中，点缀两个果球即可。

·美味 VS 健康·

夏季在果汁中放一些荸荠，既可改善口味，又可清热生津。

黄瓜蜂蜜西瓜汁

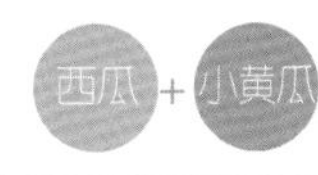

排毒 / 降低血压 / 缓解疲劳 / 利尿

材料

西瓜……200 克

去皮小黄瓜……100 克

蜂蜜……15 克

冰块……少许

做法

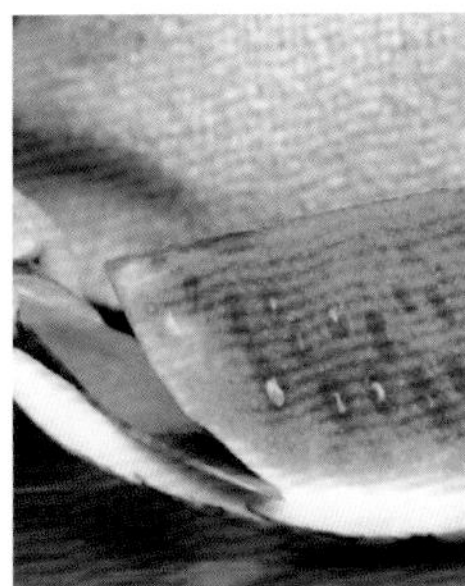

1 西瓜去皮去籽，切成大块。

2 去皮小黄瓜切块。

3 将西瓜块、小黄瓜块放入榨汁杯中。

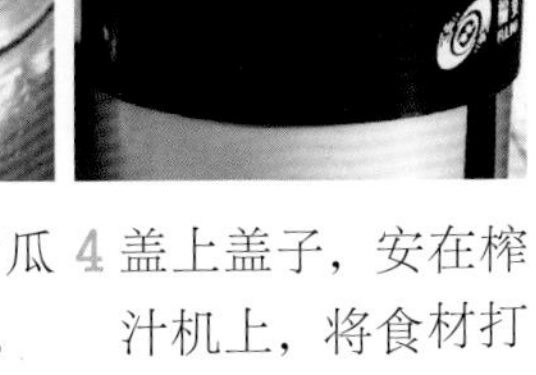

4 盖上盖子，安在榨汁机上，将食材打成汁。

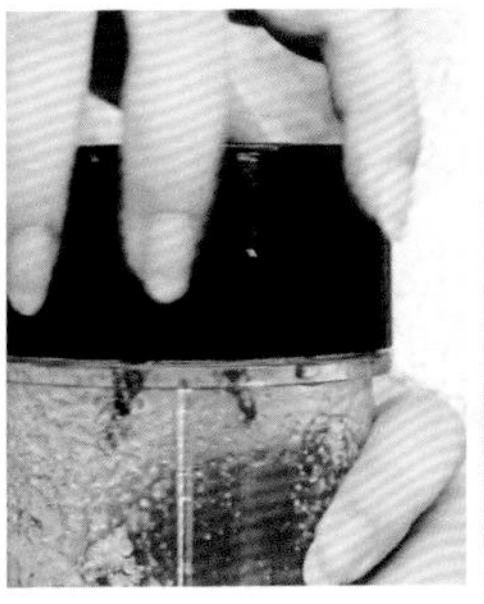

5 取下榨汁杯，拧开杯盖儿，将果汁倒入杯中。

6 淋入蜂蜜，放入少许冰块即可。

· 美味 VS 健康 ·

小黄瓜和西瓜都是含水量很高的蔬果，气味清新、口感清脆，一起打成汁，不仅味道让人心情愉悦，还可以帮助身体排毒。

黑提草莓胡萝卜汁

 + 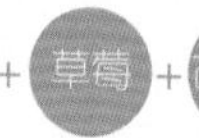 +  增强免疫力 / 抗衰老 / 缓解便秘

材料

黑提子……50克

草莓……100克

胡萝卜……80克

风味

清水……200毫升

做法

1 黑提子对半切开；草莓去蒂，切块；胡萝卜去皮，切丁。

2 将黑提子、草莓块、胡萝卜丁放入榨汁机中，倒入清水，榨成汁，过滤即可。

· 美味 VS 健康 ·

黑提子中含有的类黄酮是一种强力抗氧化剂，可清除体内自由基、抗衰老。胡萝卜有助于增强机体免疫力。

石榴苹果柠檬汁

+

+
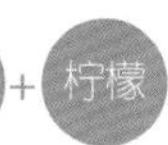

延缓衰老 / 保护视力 / 美白皮肤 / 促进胃肠蠕动

材料

石榴……150 克

苹果……50 克

柠檬……20 克

风味

清水……100 毫升

做法

1. 石榴剥出果粒；苹果去核，切块；柠檬挤出汁。
2. 将石榴果粒、苹果块、柠檬汁倒入榨汁机中，注入清水，榨取果汁，过滤好即可。

· 美味 VS 健康 ·

石榴富含红石榴多酚，可以清除体内自由基、延缓衰老，和苹果一起榨汁，不仅颜色靓丽，味道也很独特。

鲜橙葡萄柚多 C 汁

+

+
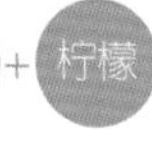

降低胆固醇 / 降低血脂 / 预防心脏病 / 软化血管

材料

葡萄柚……1 个

橙子……1 个

柠檬……1/8 个

做法

1 葡萄柚对半切开，挤压出汁水。

2 橙子去皮，切块儿。

3 将切好的橙子放入榨汁机中，榨成汁，取出；挤入柠檬汁，倒入葡萄柚汁，搅拌均匀即可。可根据个人口味加少许冰块。

·美味 VS 健康·

葡萄柚的酸苦味道十分特别，有刺激食欲的作用。其含糖量较低，水分充足，而且还含有较多的维生素 C，适合制成果汁。

火龙果蓝莓葡萄甘蓝汁

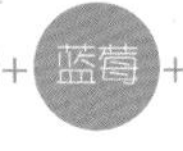

葡萄

降低胆固醇 / 保护血管 / 抗衰老 / 预防心脑血管疾病

材料

火龙果……150克

紫甘蓝……40克

蓝莓……30克

葡萄……60克

风味

清水……100毫升

做法

1 葡萄、蓝莓洗净；紫甘蓝切块；火龙果去皮，切块。

2 将葡萄、紫甘蓝块、火龙果块、蓝莓放入榨汁机中，倒入清水，榨成汁，过滤好即可。

·美味VS健康·

紫甘蓝、蓝莓、葡萄都是紫色蔬果，富含花青素，能清除体内自由基，降低胆固醇。

胡萝卜木瓜苹果汁

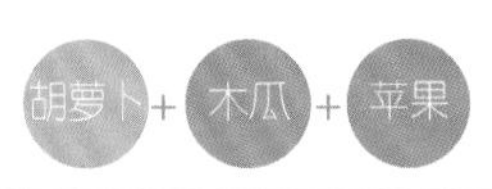

舒筋络 / 润肤养颜 / 帮助消化 / 平肝和胃

材料

去皮胡萝卜……80 克

木瓜……50 克

苹果……50 克

风味

清水……150 毫升

做法

1 木瓜去皮、籽，切成块。

2 去皮胡萝卜切成厚片；苹果切块。

3 把大部分胡萝卜片、苹果块、木瓜块倒进榨汁机。

4 倒入清水，启动榨汁机，搅打成汁。

5 取下榨汁机机头、盖子、刀片。

6 将蔬果汁过滤好，点缀少许胡萝卜即可。

· 美味 VS 健康 ·

木瓜能均衡、强化激素的生理代谢，润肤养颜；胡萝卜含有大量胡萝卜素，有补肝明目的作用。一起榨汁，可轻身、护肤、明目。

苹果甜菜根汁

+

补血 / 增强记忆力 / 帮助消化 / 降低血压

材料

甜菜根……………………150 克

苹果……………………100 克

冰块……………………适量

风味

清水……………………200 毫升

做法

1 甜菜根去皮，切块。
2 苹果去核，切块。
3 将甜菜根块、苹果块倒入榨汁机中。
4 注入清水，榨成果汁，过滤好，放入冰块即可。

· 美味 VS 健康 ·

甜菜根也被称为“阿波罗的礼物”，是一种很养生的食材。甜菜根和苹果一起榨汁，口感清甜、色泽艳丽，让人很有饮用的欲望。

胡萝卜杏汁

+
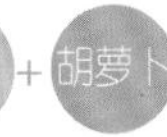

抗氧化 / 预防癌症 / 帮助消化 / 明目

材料

杏……………………………………50克

胡萝卜…………………………150克

风味

清水…………………………250毫升

做法

1 杏去核，切小块。
2 胡萝卜去皮，切小块。
3 在榨汁机中倒入杏块、胡萝卜块。
4 再倒入清水，搅打成汁，过滤好即可。

·美味VS健康·

杏色泽鲜艳、果肉多汁、口味甜美，含有丰富的胡萝卜素，可以抗氧化、防止自由基侵袭细胞，还具有预防癌症的作用。

小黄瓜香瓜汁

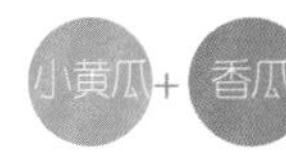

美容养颜 / 消暑清热 / 生津解渴 / 护肝

材料

小黄瓜……………………………150 克

香瓜…………………………………100 克

风味

清水……………………………200 毫升

做法

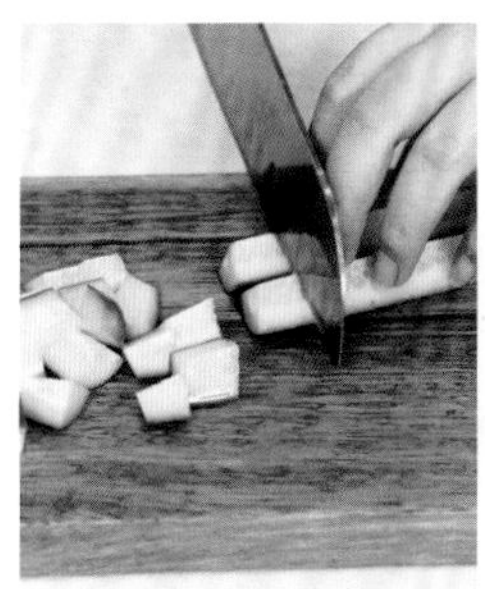

1 小黄瓜先切成条，再切成小块。

2 香瓜去皮，再切成小块。

3 取榨汁机，倒入切好的小黄瓜。

4 倒入香瓜块。

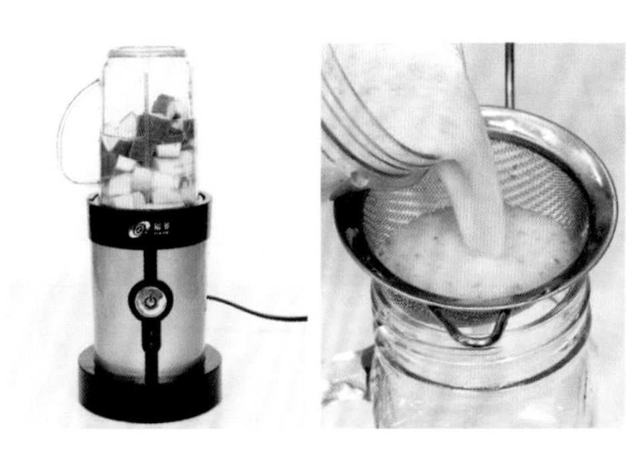

5 加入清水，启动榨汁机，榨取果汁。

6 过滤好即可。

· 美味 VS 健康 ·

香瓜中含有维生素A、维生素C等营养物质，具有很好的利尿及美容养颜作用。小黄瓜也有很好的利尿作用，和香瓜一起榨汁，可以帮助消肿。

香瓜柠檬黄瓜汁

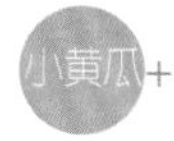

+
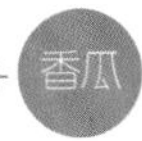

+

+
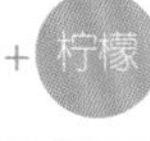

增强免疫力 / 减肥 / 抗衰老

材料

小黄瓜……100克
香瓜……120克
薄荷叶……6片
柠檬……10克
蜂蜜……15克

做法

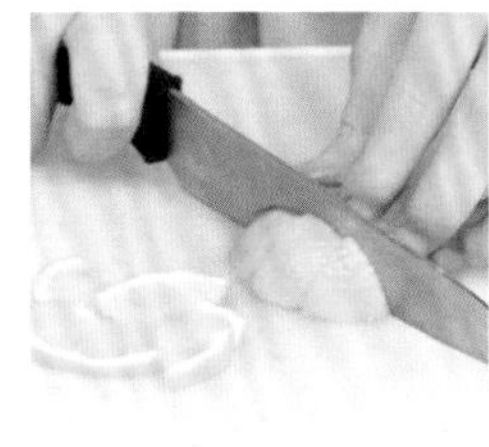

1 柠檬切片；香瓜去皮、籽，切瓣。

2 小黄瓜切块。

3 将柠檬片、小黄瓜块放入榨汁机中。

4 放入香瓜瓣、薄荷叶，加入蜂蜜。

5 搅打成汁。

6 过滤好即可。

· 美味 VS 健康 ·

小黄瓜的清新，加上柠檬悠长隽永的味道，着实令人难忘。柠檬具有增强血管弹性和韧性、增强免疫力等功效，和小黄瓜更配哦。

胡萝卜葡萄柚杏仁汁

+

+
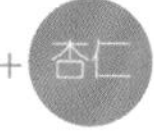

+
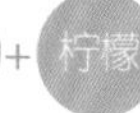

抗氧化 / 嫩肤 / 降血糖 / 润肠通便

材料

胡萝卜……………………………80 克

葡萄柚……………………………200 克

杏仁、柠檬…………………各 15 克

风味

清水……………………………100 毫升

做法

1 胡萝卜去皮，切块；柠檬挤出汁。
2 葡萄柚去皮，去除薄膜，切块。
3 将胡萝卜块、葡萄柚块、杏仁放入榨汁机，倒入清水、柠檬汁，榨成汁，过滤好即可。

·美味 VS 健康·

胡萝卜中的β-胡萝卜素对于抗氧自由基有抵抗作用，还可清除皮肤的多余角质。

红薯杏仁豆浆

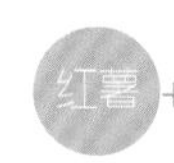

+
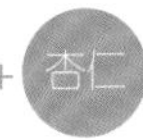

降低血脂 / 增强记忆力 / 保持血管弹性 / 补血

材料

红薯……200 克
杏仁……5 克

风味

豆浆……250 毫升

做法

1 红薯削皮，切成小块。
2 电蒸锅注水烧热，放入红薯块，蒸至熟透，取出。
3 将豆浆、熟透的红薯和杏仁放入榨汁机中打成汁，过滤好即可。

· 美味 VS 健康 ·

豆浆营养价值高且易于消化吸收，无脂肪，富含高钙、植物蛋白和磷脂，被称为“植物肉”。

菠萝荷兰豆油菜汁

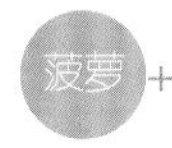

+
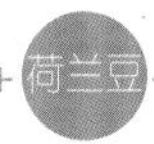

+
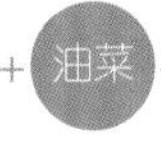

+

健胃 / 降血脂 / 防癌 / 增强免疫力

材料

菠萝肉……………………………80 克

荷兰豆……………………………30 克

油菜………………………………60 克

柠檬………………………………10 克

风味

清水……………………………200 毫升

做法

1 菠萝肉切成小块。

2 荷兰豆切 3 段，焯水至熟透。

3 油菜切块；柠檬挤出汁。

4 将菠萝块、荷兰豆段、油菜块放入榨汁机。

5 倒入清水、柠檬汁，榨成汁。

6 过滤好即可。

· 美味 VS 健康 ·

菠萝中含有多种消化酶，油菜中富含膳食纤维，荷兰豆能健胃益气。这道蔬果汁能全面调理肠胃不适，改善消化功能。

彩椒西芹番茄汁

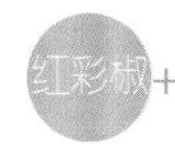

+
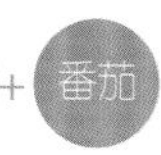

+
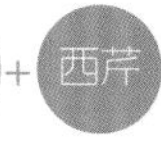

+
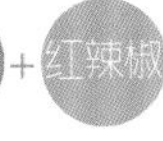

减肥 / 降低血糖 / 养阴凉血 / 美容抗皱

材料

红彩椒……………………………100 克

番茄………………………………120 克

西芹…………………………………60 克

红辣椒………………………………15 克

盐………………………………………2 克

黑胡椒碎……………………………5 克

做法

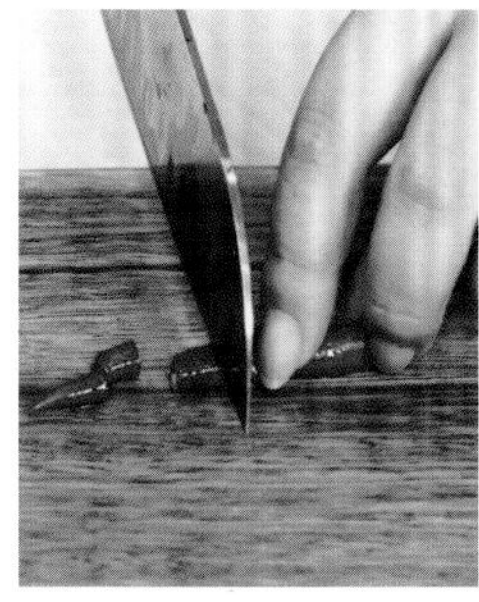

1 红彩椒切块；红辣椒切圈。

2 番茄去蒂，切成块；西芹切段。

3 将红彩椒块、番茄块倒入榨汁机。

4 放入西芹段、红辣椒圈，启动榨汁机，榨成汁。

5 过滤入杯中。

6 加入盐、黑胡椒碎调味即可。

· 美味 VS 健康 ·

这道蔬果汁利用红彩椒和红辣椒来提升身体的代谢功能，促进脂肪分解。此外，红辣椒中维生素 C 的含量也相当高。

樱桃萝卜番茄草莓汁

+
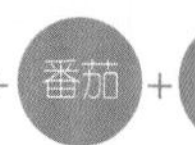

+

生津 / 开胃 / 减肥 / 抗氧化

材料

樱桃萝卜……40 克

番茄……150 克

草莓……40 克

蜂蜜……10 克

做法

1 樱桃萝卜切去两头，再对半切开。

2 草莓去蒂，对半切开。

3 番茄去蒂，切成小块。

4 将切好的樱桃萝卜块、草莓块、番茄块放入榨汁机，倒入蜂蜜，榨成汁即可。

· 美味 VS 健康 ·

樱桃萝卜营养丰富，能够刺激肠胃，加快肠道蠕动；番茄、草莓可生津开胃，改善食欲不振、消化不良等症状。

橙子生姜圣女果苏打汁

 +  +  + 

橙子 + 柠檬 + 圣女果 + 姜　促进血液循环 / 抗衰老 / 健胃 / 祛斑

材料

橙子……120 克

柠檬……20 克

圣女果……40 克

姜末……5 克

风味

苏打水……200 毫升

做法

1 橙子去皮，切成一口大小的块儿。

2 圣女果对半切开。

3 将切好的橙子、圣女果、姜末放入榨汁机，挤入柠檬汁，倒入苏打水，搅拌均匀，榨成汁后倒入杯中即可。

· 美味 VS 健康 ·

橙子、柠檬等水果中含有大量维生素 C，有助于加快体内营养物质的代谢速度，再加入能够促进血液循环的生姜，功效和口感都更佳。

冰镇番茄苹果汁

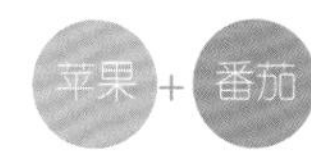

增强记忆力 / 补血 / 抗氧化 / 保护视力

材料

苹果……300克

番茄……500克

白砂糖……15克

冰块……适量

风味

清水……100毫升

做法

1 番茄表皮上划一个“十”字花刀。

2 将番茄放入沸水锅中，煮至表皮翻起，捞出。

3 番茄去皮，切丁；苹果去核，切块。

4 榨汁机中倒入苹果块、番茄块、冰块，注入清水。

5 榨约半分钟，倒入杯中。

6 加入白砂糖拌匀，过滤即可。

· 美味 VS 健康 ·

“一日一苹果，医生远离我。”再加上富含维生素C的番茄，具有润肠通便、增加食欲、抑制细菌的作用。

黄瓜菠菜彩椒汁

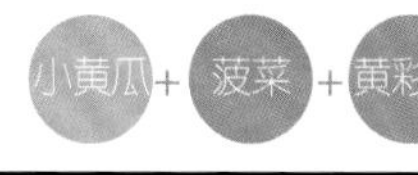

帮助消化 / 补血 / 抗衰老 / 补水

材料

小黄瓜……80 克

菠菜……30 克

黄彩椒……50 克

风味

清水……200 毫升

做法

1 菠菜切段；小黄瓜切块。

2 黄彩椒切成条，再切成块。

3 将小黄瓜块、菠菜段、黄彩椒块倒入榨汁机。

4 注入清水。

5 盖上盖子，放好榨汁机，开始榨汁。

6 榨好后，倒出，过滤入杯中即可。

· 美味 VS 健康 ·

小黄瓜味道清爽、水分多，是蔬菜汁中很好的调味蔬菜；黄彩椒味道甘甜，含丰富维生素，有强抗氧化作用，对皮肤很有好处。

山药冬瓜玉米汁

+

+

减肥 / 清热生津 / 滋肾益精 / 平补脾胃

材料

冬瓜……………………120克

山药……………………50克

玉米粒…………………100克

风味

清水……………………200毫升

做法

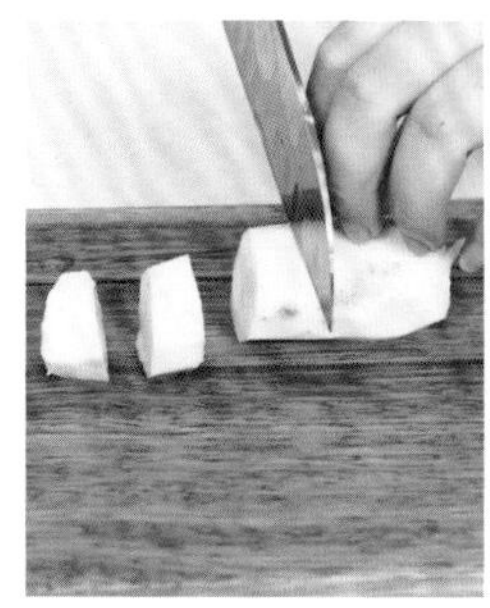

1 山药去皮，切块。

2 冬瓜去皮，切块。

3 热水锅中放入玉米粒、山药、冬瓜，煮15分钟，捞出。

4 取榨汁机，放入冬瓜块、山药块、玉米粒。

5 加入清水，榨成汁。

6 过滤好即可。

· 美味 VS 健康 ·

冬瓜中所含的丙醇二酸，能有效地抑制糖类转化为脂肪，加之冬瓜本身不含脂肪，热量不高，对于防止身体发胖具有显著效果。

第3章

健康新概念——蔬果昔

作为营养界的新宠，
蔬果昔选取容易打成泥的食材，
将蔬果汁与蔬果肉融合，
不仅减少过滤掉的营养成分，
还丰富了饮品的视觉效果。

How to change the face of Europe

苹果紫甘蓝菠萝昔

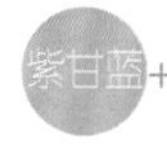

+
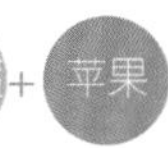

+

+
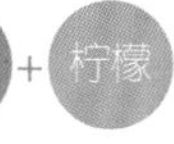

抗衰老 / 改善炎症 / 补脾止泻 / 清胃解渴

材料

紫甘蓝..40 克

苹果..100 克

菠萝肉..120 克

柠檬汁..5 毫升

做法

1 紫甘蓝去芯，切成小片。

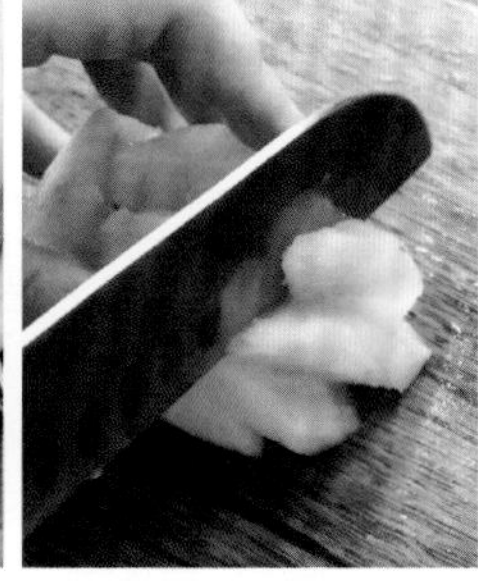

2 菠萝肉、苹果切成小块。

3 将紫甘蓝片、菠萝块、苹果块放入榨汁杯中。

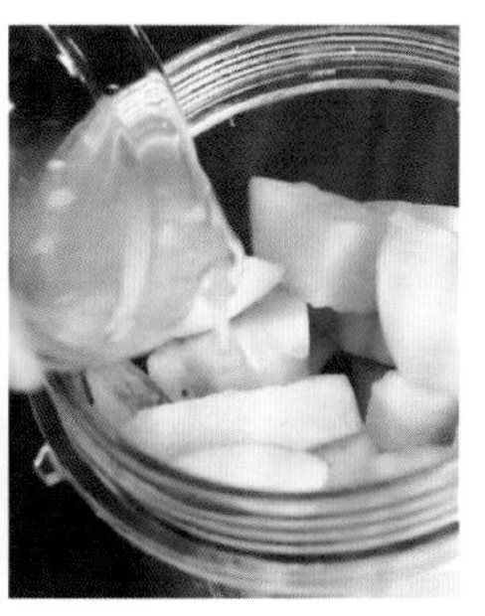

4 倒入柠檬汁，盖上盖子，安装在榨汁机上。

5 打成蔬果昔后，取下榨汁杯。

6 打开杯盖子，倒入备好的瓶中即可。

·美味 VS 健康·

紫甘蓝营养丰富，含有丰富的维生素 C、维生素 E 和 B 族维生素，尤其是含有的花青素在抗氧化、预防衰老方面有积极作用。

冰镇苹果香蕉昔

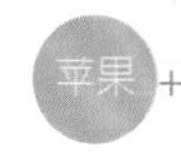 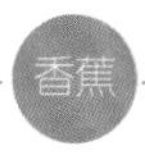 

苹果 + 香蕉 + 柠檬　增强记忆力 / 抗氧化 / 保护神经系统 / 降低血压

材料

苹果……250 克

香蕉……120 克

柠檬汁……30 毫升

白砂糖……20 克

冰块……适量

风味

清水……20 毫升

做法

1 苹果去皮、核，切成丁。

2 香蕉去皮，切成小段，备用。

3 备好榨汁机，倒入香蕉段、苹果丁。

4 倒入清水、柠檬汁。

5 榨约半分钟，倒入杯中。

6 放入白砂糖、冰块，拌匀即可。

· 美味 VS 健康 ·

几分清凉，几分酸甜，几分甜蜜，想要的滋味全都在这。苹果可帮助身体排毒；香蕉具有润肠通便、利尿消肿、清热解毒等功效，是减肥者的首选。

蔓越莓醋栗核桃橙昔

+

+

+

增强记忆力 / 顺气补血 / 滋润皮肤 / 润肺补肾

材料

红醋栗……40克

鲜蔓越莓……30克

核桃仁……30克

橙子……250克

做法

1. 橙子去皮，切成大块；核桃仁切成小块。
2. 把部分红醋栗、鲜蔓越莓、核桃块、橙子块放入榨汁机中，搅打成昔。
3. 将果昔倒入杯中，点缀上剩余红醋栗即可。

· 美味 VS 健康 ·

醋栗含有多种微量元素和维生素，低糖、微酸，可软化血管、增强免疫力；核桃可补充脑力；橙子有放松心情的功效。

香蕉杏仁燕麦昔

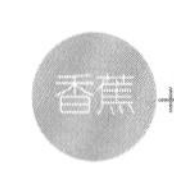 +  + 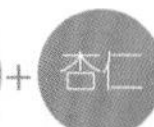 润肠通便 / 润养肌肤 / 瘦身 / 预防贫血

材料

香蕉……200克

燕麦片……20克

杏仁……15克

风味

清水……30毫升

做法

1 香蕉去皮，切块。

2 将杏仁、燕麦片倒入榨汁机，搅拌成粉，再放入香蕉块，淋入清水。

3 搅打成昔即可。

·美味VS健康·

坚果和香蕉都是对大脑很有好处的食材，特别是用脑过度的时候，来一杯给大脑补充营养的果昔，整个人立刻精力满满，饱腹又益脑。

香蕉火龙果昔

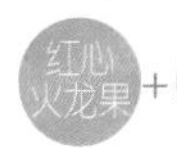

+
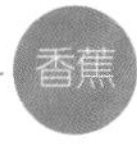

抗氧化 / 解毒 / 美白皮肤 / 促进消化

材料

红心火龙果......................200 克

香蕉....................................80 克

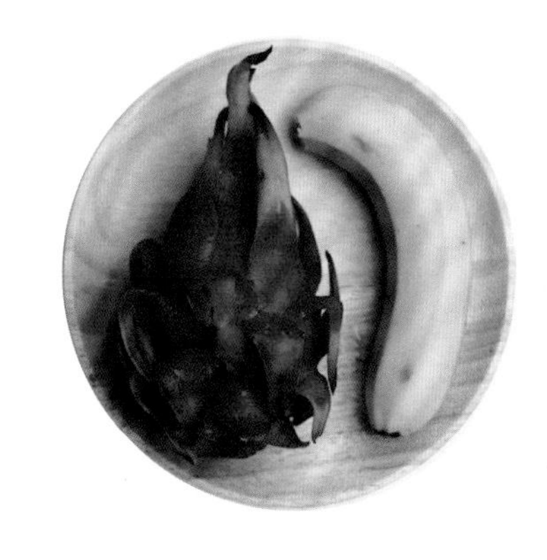

做法

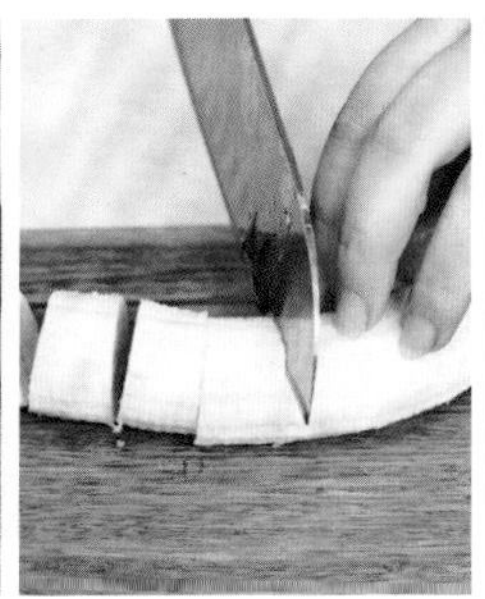

1 红心火龙果去皮，切成小块。

2 香蕉去皮，切块。

3 榨汁机中倒入切好的香蕉。

4 倒入切好的红心火龙果。

· 美味 VS 健康 ·

火龙果中富含其他水果少有的植物性白蛋白，这种有活性的白蛋白会自动与人体内的重金属离子结合，通过排泄系统排出体外，从而起到解毒的作用。

5 盖上盖子，将榨汁杯安装在榨汁机上。

6 把食材搅打成昔，倒出即可。

蓝莓圣女果昔

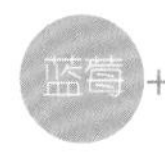

+
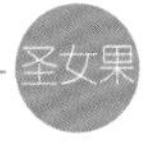

养肝明目 / 提高免疫力 / 改善便秘 / 抗衰老

材料

蓝莓……45 克

圣女果……125 克

风味

清水……150 毫升

做法

1 圣女果对半切开。

2 将圣女果、蓝莓放入榨汁杯中。

3 注入清水。

4 盖上盖子，安装好，开始榨汁。

5 取下榨汁杯，揭开盖子。

6 将果昔装入备好的杯中即可。

·美味 VS 健康·

红中带蓝，热情与冷静的碰撞，让味蕾去感受它的妙处吧。蓝莓中含有多种多酚类物质，具有良好的营养功能和抗氧化作用。

苹果草莓石榴菠萝昔

+
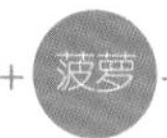

+
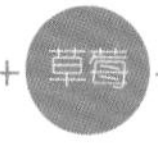

+

+

美白皮肤 / 延缓衰老 / 保护视力 / 改善便秘

材料

苹果……200 克
菠萝……60 克
草莓……40 克
柠檬……20 克
石榴果粒……20 克

做法

1. 苹果去核，切成块；菠萝切成粒。
2. 取部分菠萝粒放入榨汁机中，倒入苹果块、草莓、石榴果粒，挤入柠檬汁，打成果昔，倒入杯中，撒上剩余菠萝粒即可。

·美味 VS 健康·

石榴能预防坏血病，美白皮肤，还可以清除体内自由基，延缓衰老。

薄荷蓝莓昔

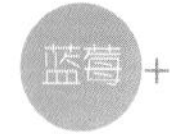

+
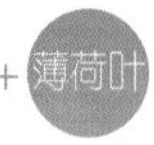

明目养肝 / 提高免疫力 / 改善便秘 / 抗衰老

材料

蓝莓……60 克

薄荷叶……10 克

蜂蜜……5 克

风味

清水……150 毫升

做法

1 将蓝莓、薄荷叶放入榨汁机中，留取少部分备用。

2 在榨汁机中倒入蜂蜜，注入清水，打成昔，倒入杯中。

3 点缀上蓝莓、薄荷叶即可。

·美味 VS 健康·

蓝莓富含维生素A，有明目养肝的作用，还富含花青苷色素，可改善视力，更含有超氧化物歧化酶等抗衰老的物质。

番茄蜂蜜草莓昔

+
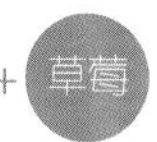

改善肤色 / 增强免疫力 / 帮助消化

材料

番茄……1个

草莓……100克

蜂蜜……15克

风味

清水……100毫升

做法

1 草莓去蒂，对半切开。

2 番茄切成小块。

3 将番茄块、切好的草莓放入榨汁机，倒入清水、蜂蜜，打成昔即可。

· 美味 VS 健康 ·

红色食材富含番茄红素，它是一种超强的抗氧化剂，清除自由基的能力远胜于类胡萝卜素和维生素E。

冰镇猕猴桃昔

增强免疫力 / 美白皮肤 / 降低胆固醇 / 帮助消化

材料

猕猴桃..............................200 克

蜂蜜..................................20 克

冰块.................................... 适量

风味

清水.............................200 毫升

做法

1 猕猴桃去皮，切丁。

2 备好榨汁机，倒入猕猴桃丁，注入清水，榨半分钟，倒入杯中。

3 加入蜂蜜拌匀，放入冰块即可。

· 美味 VS 健康 ·

猕猴桃具有清热解毒、活血消肿、祛风利湿等功效。

鸳鸯果昔

+
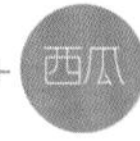

美容养颜 / 明目 / 止咳

材料

芒果……150 克

西瓜……300 克

炼乳……5 克

做法

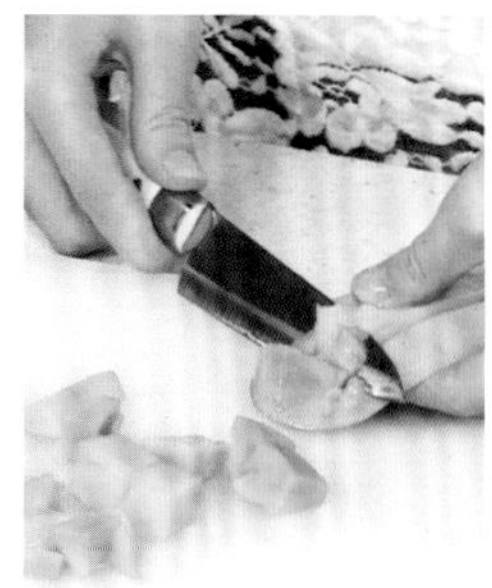

1 芒果切开，打上"十"字花刀，削下果肉。

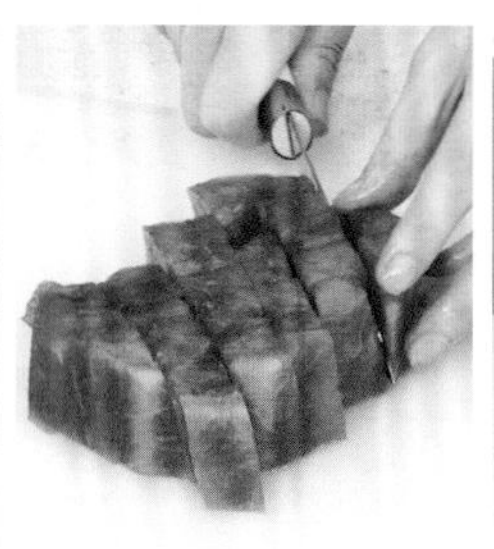

2 西瓜取肉，切小块。

3 在榨汁机中倒入芒果肉。

4 榨约 30 秒，成芒果昔，倒入杯中。

5 榨汁机中倒入西瓜块，加入炼乳。

6 榨成西瓜昔，倒入装有芒果昔的杯中即可。

· 美味 VS 健康 ·

炎热夏季，来一杯几分钟就能搞定的鸳鸯果昔，美味又健康。芒果具有润肠通便、美白皮肤等功效。西瓜具有清热解暑、利尿除烦等功效。

西瓜昔

补水 / 消暑 / 利尿 / 降低血压

材料

西瓜……………………………300 克

蜂蜜……………………………15 克

冰块……………………………20 克

做法

1 将西瓜切成三角片，取部分去皮，切成块，剩余的西瓜片用竹签固定。

2 把西瓜块倒入榨汁机中，放入蜂蜜，搅拌均匀，倒入杯中，加入冰块。

3 将西瓜片点缀在杯上即可。

· 美味 VS 健康 ·

西瓜堪称“盛夏之王”，清爽解渴，味甘多汁，是盛夏解暑佳果。新鲜的西瓜肉和鲜嫩的瓜皮，能增加皮肤弹性，减少皱纹，让肌肤焕发光彩。

西蓝花荷兰豆果醋昔

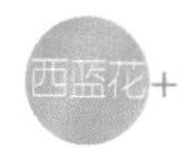

+
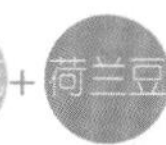

防癌抗癌 / 增强免疫力 / 抗衰老 / 增强记忆力

材料

西蓝花……80 克

荷兰豆……70 克

风味

苹果醋……200 毫升

做法

1 西蓝花切成小朵，放入沸水锅中，焯煮至断生，捞出；荷兰豆切段。

2 将焯好的西蓝花朵、荷兰豆段放入榨汁机。

3 倒入苹果醋，打成昔即可。

· 美味 VS 健康 ·

西蓝花中的 β-胡萝卜素能在体内转化为维生素 A,荷兰豆也富含维生素 A,维生素 A 具有保护肝脏、抑制肝脏中癌细胞生长的作用。

牛油果蜂蜜苹果昔

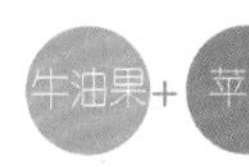

材料

牛油果..............................200 克

苹果..................................150 克

蜂蜜.................................... 15 克

椰蓉.................................... 少许

风味

清水..............................150 毫升

做法

1 牛油果去核，取果肉，切成块。

2 苹果切成厚片，再切成块。

3 将牛油果块、苹果块倒入榨汁杯中。

4 倒入清水、蜂蜜，盖上杯盖。

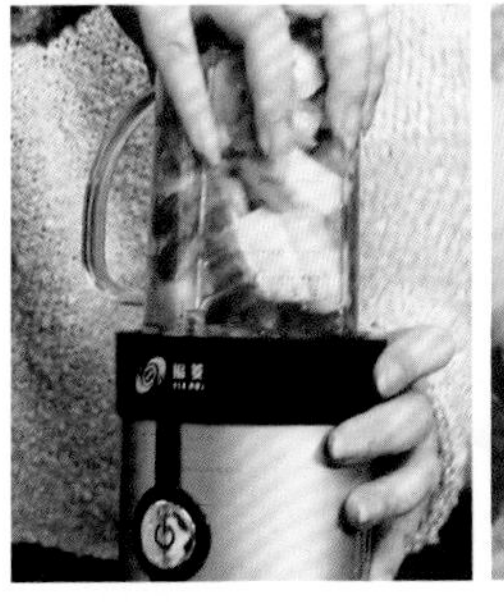

5 将榨汁杯安放在榨汁机上，启动榨汁机。

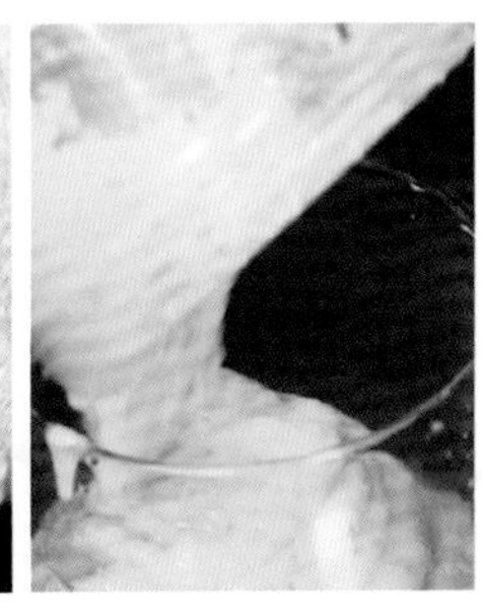

6 将食材打成昔，撒上椰蓉即可。

· 美味 VS 健康 ·

牛油果含有优质脂肪以及滋润皮肤的维生素 E，能提升皮肤的保水能力。苹果中的膳食纤维有顺肠通便的作用。

牛油果豌豆罗勒昔

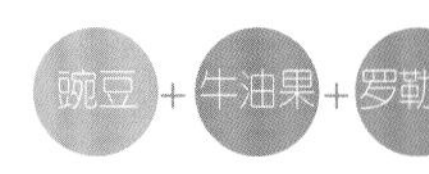

美容 / 防治便秘 / 抗衰老 / 解毒

材料

豌豆......................................40 克

牛油果................................350 克

罗勒叶......................................5 克

盐、白砂糖、黑胡椒碎....各少许

风味

清水..............................100 毫升

做法

1 将备好的豌豆倒入沸水锅中。

2 加入少许盐，煮至熟烂，捞出。

3 牛肉果去皮、核，切成块。

4 榨汁机中倒入熟豌豆、牛油果块、罗勒叶。

5 加入清水、白砂糖，打成昔，倒出。

6 撒上少许黑胡椒碎即可。

· 美味 VS 健康 ·

豌豆中的 B 族维生素可以促进糖类和脂肪的代谢，有助于改善肌肤状况。配合牛油果，让美容功效更显著。

亚麻籽菠菜彩椒蔬谷昔

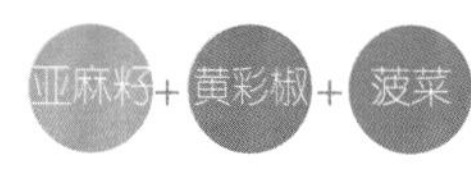

帮助消化 / 补血 / 润养肌肤 / 减肥

材料

黄彩椒……………………200 克

菠菜……………………50 克

亚麻籽、蜂蜜……………各 15 克

冰块……………………少许

风味

清水……………………200 毫升

做法

1 黄彩椒切块；菠菜切段。

2 把黄彩椒块、菠菜段和亚麻籽放入榨汁机中，加入清水、蜂蜜和冰块，打成蔬谷昔即可。

· 美味 VS 健康 ·

亚麻籽可以消耗多余脂肪，帮助减肥，还可以让肌肤更幼滑、有弹性。

菠菜牛油果菠萝昔

+

+

+
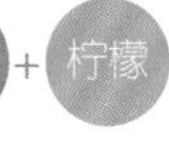

抗衰老 / 预防便秘 / 调节人体酸碱度 / 预防高血压

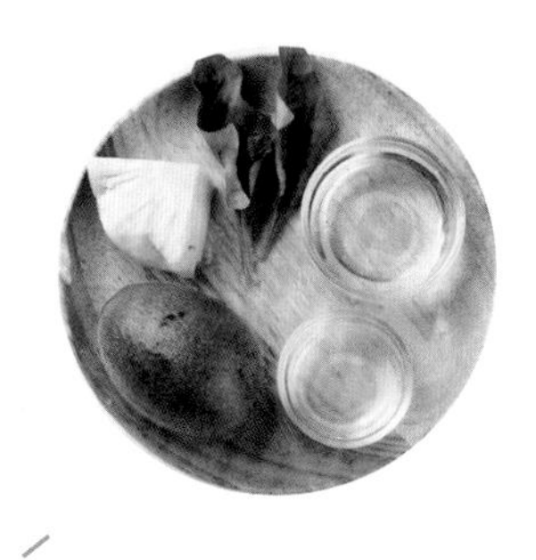

材料

牛油果……100克

菠萝……120克

菠菜……30克

柠檬汁……5毫升

风味

清水……150毫升

做法

1 牛油果去皮、去籽，切块；菠萝去皮，切块；一起倒入榨汁机。
2 榨汁机中放入菠菜、柠檬汁。
3 注入清水，打成蔬果昔即可。

· 美味 VS 健康 ·

菠菜提取物具有促进、培养细胞繁殖的作用，既抗衰老又能增强青春活力。

Hedge fund accuses
of 'epic corporate
VW faces attack ▸ PAGE 8
STOCK MARKETS

西蓝花番茄洋葱昔

+

+
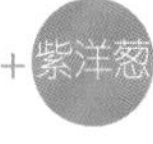

降低血糖 / 抗衰老 / 清热生津 / 增强记忆力

材料

西蓝花……120 克

番茄……150 克

紫洋葱……60 克

风味

清水……100 毫升

做法

1 在番茄表皮划上“十”字。

2 西蓝花切成小朵；紫洋葱切丁。

3 锅注水烧开，放入番茄烫片刻，取出。

4 放入切好的西蓝花，焯至断生，捞出。

5 番茄去皮，切瓣。

6 处理好的蔬菜放榨汁机中，加清水，打成昔即可。

· 美味 VS 健康 ·

西蓝花、番茄、紫洋葱都是很好的抗氧化食材，特别是紫洋葱所含的微量元素硒是一种很强的抗氧化剂，具有防癌、抗衰老的功效。

小黄瓜柳橙昔

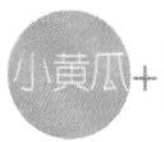

+

促进血液循环 / 抗衰老 / 减肥 / 安神定志

材料

小黄瓜……100 克

柳橙……500 克

风味

清水……100 毫升

做法

1 小黄瓜切块；柳橙去皮，切块。

2 将柳橙块放入榨汁机中，榨取果汁，倒入杯中。

3 榨汁机中放入小黄瓜，加入清水，搅打成昔，铺在橙汁上即可。

·美味 VS 健康·

柳橙含维生素 C 和胡萝卜素，可以抑制致癌物质的形成，还能软化和保护血管。

黄瓜欧芹昔

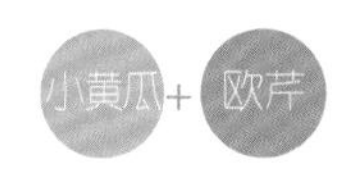

抗肿瘤 / 增强免疫力 / 增强食欲 / 减肥

材料

小黄瓜……200 克

欧芹……20 克

风味

清水……50 毫升

做法

1 小黄瓜切块。

2 欧芹取叶。

3 将小黄瓜块、欧芹叶放入榨汁机中。

4 注入清水，搅打成昔即可。

· 美味 VS 健康 ·

欧芹含有大量的铁、维生素 A 和维生素 C，香味浓郁。同小黄瓜一起打成蔬果昔，香味更独特。

包菜西芹苹果昔

+

+
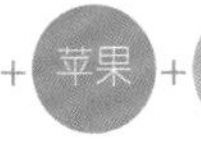

+

抗衰老 / 抗癌 / 减肥 / 补血

材料

包菜……40 克

西芹……50 克

苹果……200 克

柠檬……10 克

做法

1 包菜撕成小片；西芹切碎。

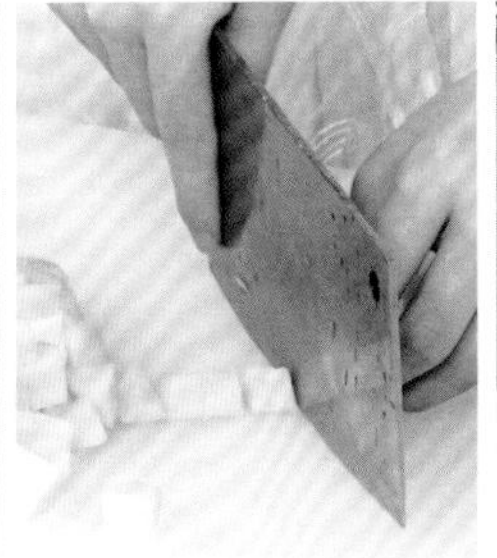

2 苹果去核、去皮，切块；柠檬切片。

3 将苹果块、柠檬片放入榨汁机中。

4 再放入包菜片、西芹碎。

5 搅打成昔。

6 倒入杯中即可。

· 美味 VS 健康 ·

包菜含有的热量和脂肪很低，但是维生素、膳食纤维和微量元素的含量却很高，是一种很好的减肥食物。

红黄彩椒洋葱昔

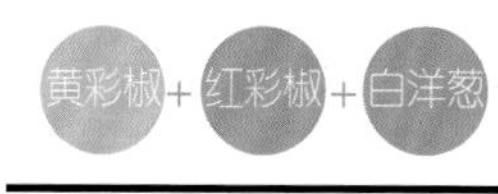

预防血栓 / 降低血糖 / 利尿 / 抗衰老

材料

黄彩椒……………………200 克

红彩椒……………………200 克

白洋葱……………………60 克

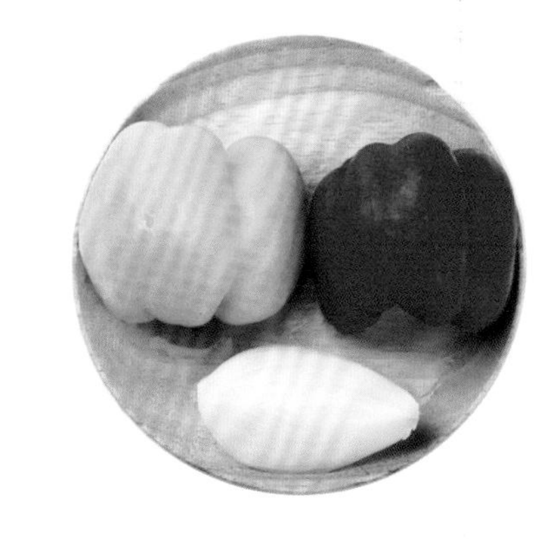

做法

1 黄彩椒、红彩椒去籽切丁，留少许切条。

2 将白洋葱去根，切成丁。

3 红彩椒丁、黄彩椒丁、白洋葱丁放入榨汁机。

4 盖上盖子，固定机头，启动。

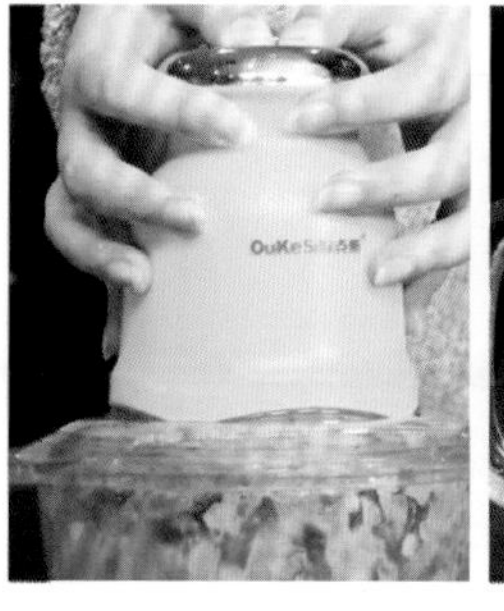

5 搅打成蔬菜昔。

6 装入杯中，点缀上彩椒条即可。

· 美味 VS 健康 ·

彩椒色泽丰富，口感香甜，富含多种维生素及微量元素，可改善面生黑斑及雀斑，还有消暑、补血、消除疲劳、促进血液循环等功效。

第 4 章

浓香蔬果拿铁

拿铁，在意大利语中为“牛奶”的意思。
新鲜蔬果与牛奶的碰撞，
无论是顺滑的奶汁，
还是香浓醇厚、口感更丰富的奶昔，
都别有一番风味。

苹果菠萝柠檬奶昔

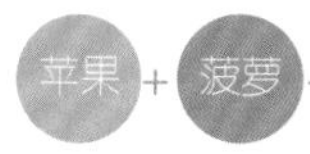

生津止渴 / 补虚开胃 / 润肠通便 / 降血脂

材料

苹果……150 克

菠萝肉……100 克

柠檬汁……5 毫升

冰块……适量

风味

酸奶……200 克

做法

1 苹果切小块。

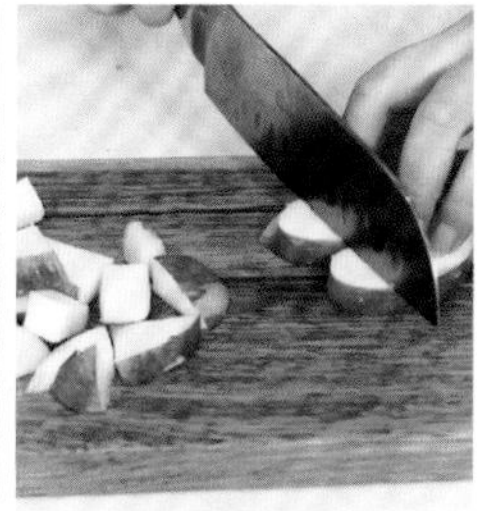

2 菠萝肉切小块。

3 将苹果块、菠萝块倒入榨汁机中。

4 倒入酸奶。

5 加入柠檬汁。

6 打成酸奶昔，倒出，放入冰块即可。

·美味 VS 健康·

酸奶口感绵密、口味清新，具有生津止渴、补虚开胃、润肠通便、降血脂、抗癌等功效，能调节机体内微生物的平衡，与水果在一起更是绝配。

苹果奶昔

美容 / 减肥 / 增强记忆力 / 帮助消化

材料

苹果……2 个

白砂糖……5 克

冰块……适量

风味

牛奶……250 毫升

做法

1 洗净的苹果去核，切丁，部分切片。

2 备好榨汁机，倒入备好的苹果丁。

3 倒入牛奶。

4 盖上盖，搅打成昔。

· 美味 VS 健康 ·

苹果是美容佳品，既能减肥，又可使皮肤润滑柔嫩。苹果跟牛奶一起食用，能更有效地促进营养吸收。

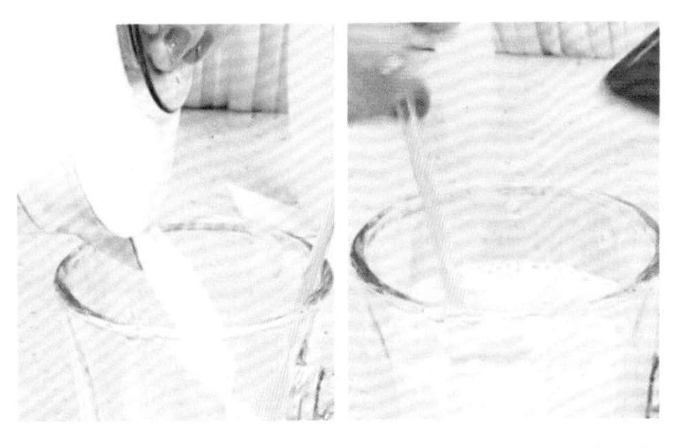

5 倒入杯中，加入白砂糖、冰块。

6 搅拌均匀，点缀上少许苹果片即可。

苹果红薯牛奶

+
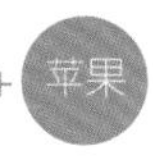

促进食欲 / 润肠通便 / 延缓衰老

材料

红薯……………………………200 克

苹果……………………………200 克

风味

牛奶……………………………250 毫升

做法

1 苹果去籽后切成块；红薯削皮，切成小块。

2 蒸锅注水烧热，放入红薯块，蒸熟取出。

3 将苹果块、煮熟的红薯块放入榨汁机，注入牛奶，打成汁即可。

· 美味 VS 健康 ·

苹果具有促进食欲、润肠通便等功效。红薯更是公认的健康食品，可做减肥代餐。

燕麦红薯牛奶

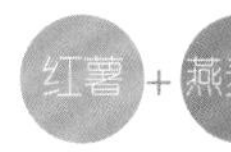

+

预防便秘 / 减肥 / 抗衰老 / 淡化色斑

材料

红薯……200克

燕麦片……45克

风味

牛奶……200毫升

做法

1 红薯削皮，切成小块。
2 蒸锅注水烧热，放入红薯块蒸熟，取出，与燕麦片一起放入榨汁机中。
3 注入牛奶，打成汁即可。

· 美味 VS 健康 ·

燕麦含有可溶性纤维，可促使胆酸排出体外，降低血液中的胆固醇含量。

香蕉奶昔

促进生长 / 助消化 / 降低血压 / 美白肌肤

材料

香蕉……130 克

风味

牛奶……180 毫升

做法

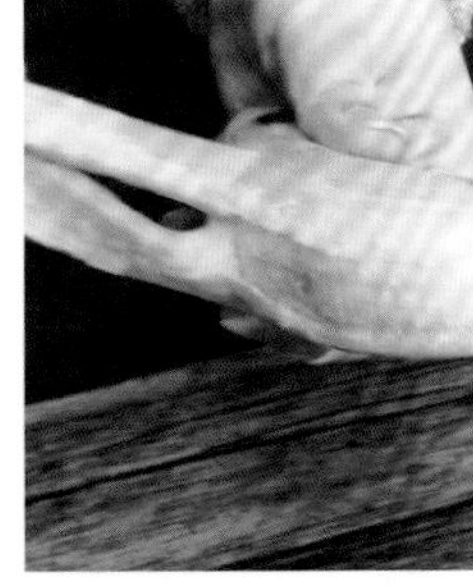

1 香蕉取果肉。

2 切小丁块。

3 取榨汁杯，倒入香蕉块。

4 注入备好的牛奶，盖好盖子。

· 美味 VS 健康 ·

香蕉含有蛋白质、果胶、维生素 C、磷、钙、钾等营养成分，具有缓解压力、消除疲劳、促进肠胃蠕动等功效。

5 榨取奶昔。

6 装入杯中即可。

提子香蕉奶昔

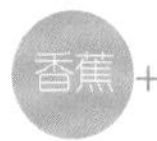

+

抗衰老 / 补充能量 / 帮助消化 / 美白肌肤

材料

香蕉……80克

提子干……少许

风味

牛奶……100毫升

做法

1 香蕉去皮。

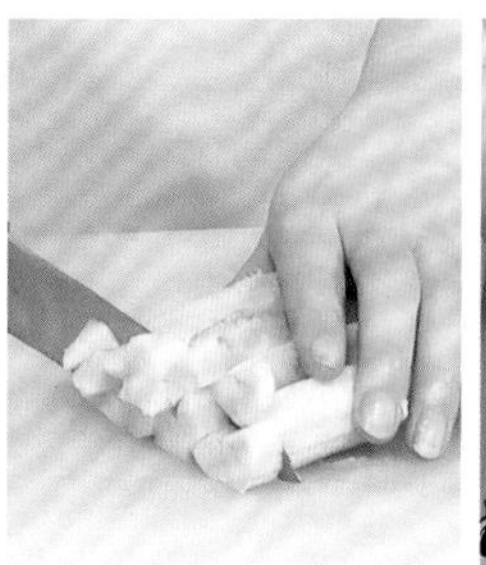

2 香蕉切成块，部分切片。

3 榨汁机中倒入香蕉块，注入牛奶。

4 盖上盖，榨取奶昔。

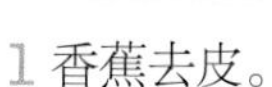

·美味 VS 健康·

香蕉溶于牛奶中，留下挥之不去的甜蜜芳香，加上提子干的点缀，更具诱惑。香蕉具有增进食欲、助消化、保护神经系统等功效。

5 杯中贴上香蕉片，倒入奶昔。

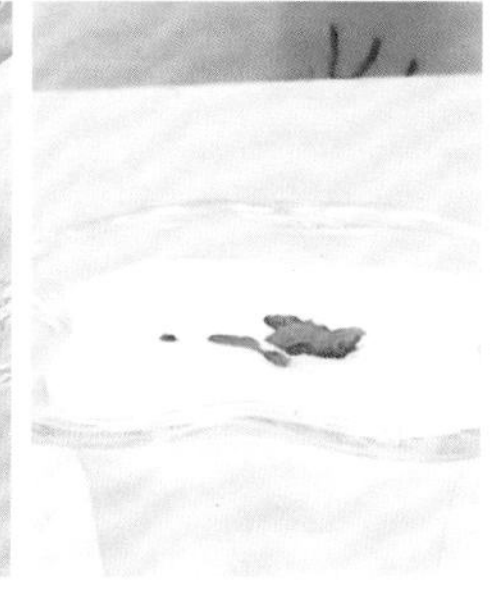

6 加入适量的提子干即可。

樱桃萝卜奶昔

止咳化痰 / 促进胃肠蠕动 / 增进食欲 / 利尿

材料

樱桃萝卜............................150 克

风味

酸奶....................................250 克

做法

1 樱桃萝卜洗净，切成小块。
2 往榨汁机中倒入樱桃萝卜块。
3 再倒入酸奶。
4 打成昔即可。

· 美味 VS 健康 ·

樱桃萝卜具有质地细嫩、口感清爽、含水分较高等特点，且含有较高的维生素 C、矿物质、芥子油等，可健胃消食、止咳化痰。

香蕉芒果奶昔

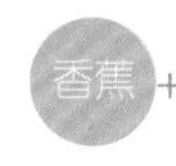

+
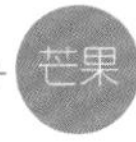

降低胆固醇 / 抗癌 / 增加胃肠蠕动 / 明目

材料

香蕉......120 克

芒果......400 克

冰块......少许

风味

酸奶......30 克

做法

1 香蕉去皮，切块。
2 芒果去皮、去核，切块。
3 将香蕉块、芒果块和酸奶放入榨汁机中，打成果昔，装入杯中，放上冰块即可。

·美味 VS 健康·

芒果风味独特，常食可以持续为人体补充维生素 C，降低胆固醇、甘油三酯。

黑芝麻牛油果奶昔

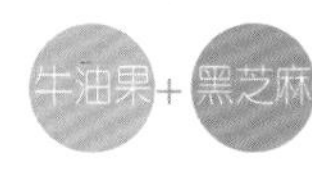

预防高血压 / 抗癌 / 补脑 / 抗氧化

材料

牛油果……50 克

黑芝麻……15 克

风味

牛奶……250 毫升

做法

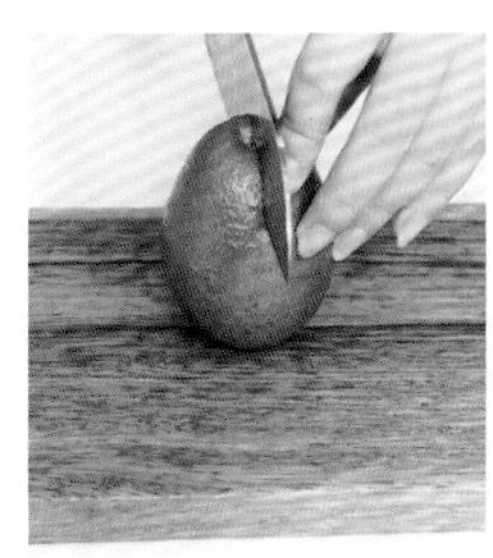

1 牛油果对半划开，拧开。

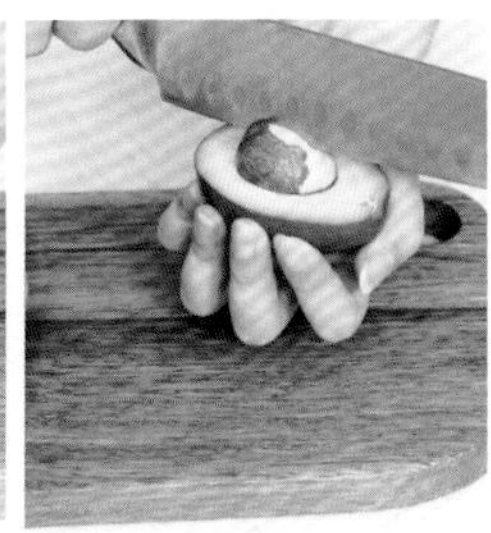

2 用刀取下牛油果核，果肉切块。

3 将切好的牛油果肉放入榨汁杯。

4 注入牛奶，搅拌均匀，加盖子。

5 将榨汁杯放在榨汁机上，搅打成昔。

6 取下榨汁杯，倒出果昔，撒上黑芝麻即可。

·美味 VS 健康·

黑芝麻含有丰富的维生素 E，可抑制体内自由基活跃程度，能达到抗氧化、延缓衰老的功效。牛奶营养丰富，还有较好的美白功效。

13
14
My life,my love,
my style.

牛油果菠菜奶昔

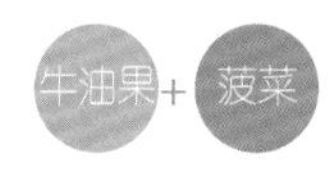

保护视力 / 补血 / 抗衰老 / 帮助消化

材料

牛油果……150 克

菠菜……50 克

清水……100 毫升

风味

养乐多酸奶……150 毫升

做法

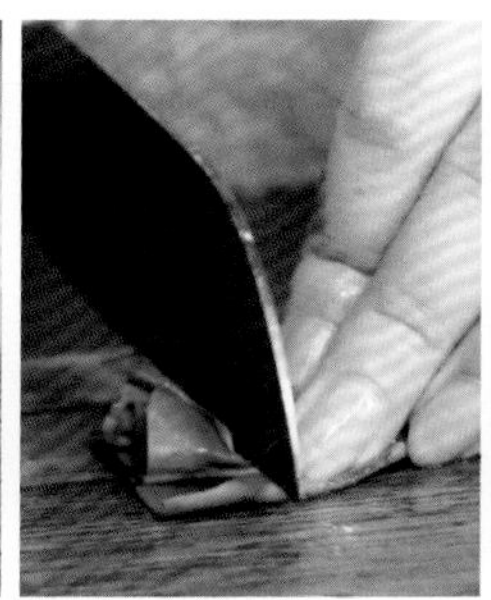

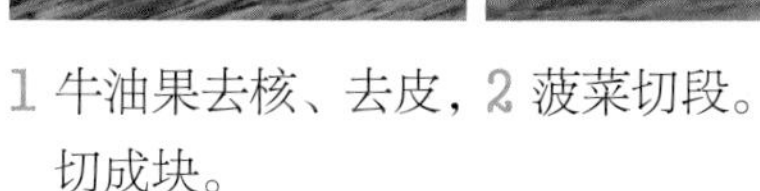

1 牛油果去核、去皮，切成块。

2 菠菜切段。

3 将菠菜段、牛油果块倒入榨汁杯中。

4 倒入养乐多酸奶、清水。

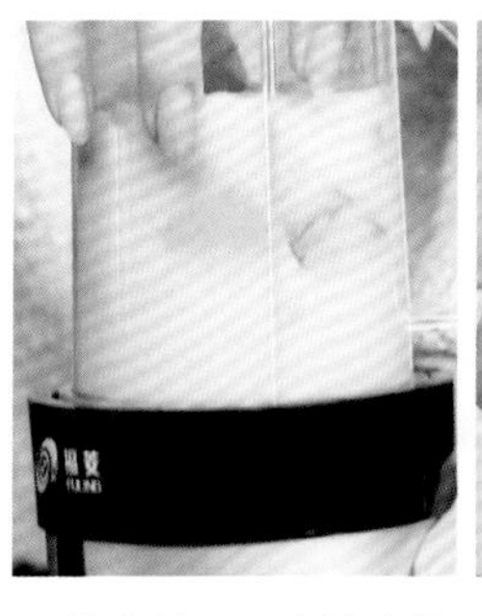

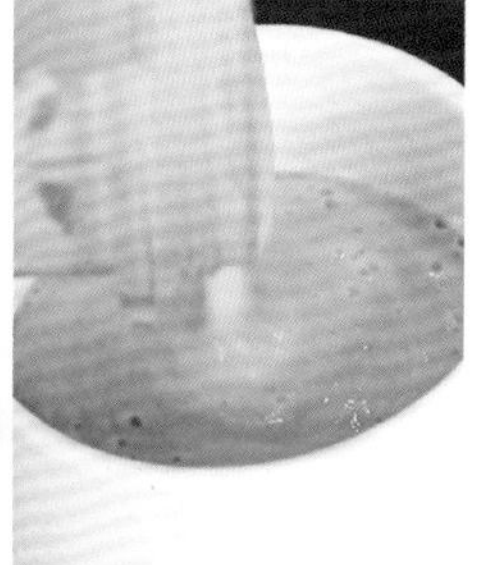

5 盖上盖子，安放在榨汁机上，启动机器。

6 搅打成奶昔，倒入杯中即可。

· 美味 VS 健康 ·

牛油果被称为“森林奶油”，口感绵密，营养丰富。菠菜含有大量的植物粗纤维，具有促进肠道蠕动的作用，能帮助消化。

冬瓜荸荠甘蔗牛奶

+

+
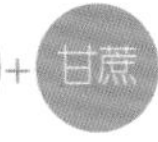

清热解暑 / 利尿 / 滋养肌肤

材料

冬瓜……100 克

荸荠……80 克

甘蔗……150 克

风味

牛奶……100 毫升

做法

1 甘蔗、荸荠去皮，切块。

2 冬瓜去皮、去瓤，切块。

3 将冬瓜块、荸荠块、甘蔗块放入榨汁机，倒入牛奶，榨成汁，过滤好即可。

· 美味 VS 健康 ·

冬瓜、荸荠、甘蔗搭配不仅口感清爽，还能清热解暑，滋润皮肤。

火龙果奶昔

抗衰老 / 减肥 / 润肠

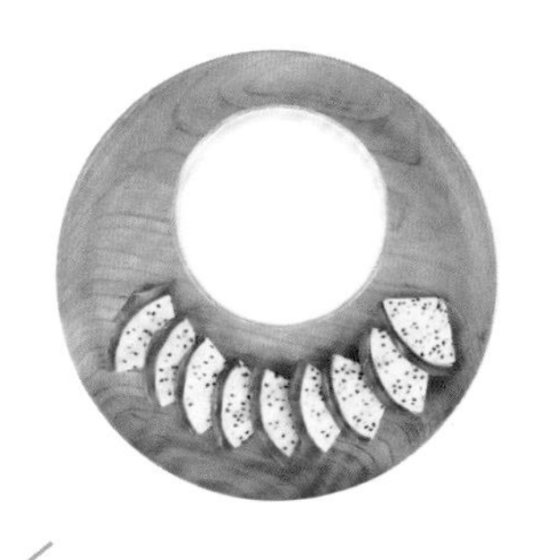

材料

火龙果……200 克

风味

牛奶……100 毫升

做法

1 火龙果切开去皮，切成块。
2 将火龙果块放入榨汁机。
3 倒入牛奶。
4 将食材榨成汁即可。

· 美味 VS 健康 ·

火龙果有抗氧化、抗自由基、抗衰老的作用，还具有减肥、降低胆固醇、润肠、预防大肠癌等功效。

蓝莓猕猴桃奶昔

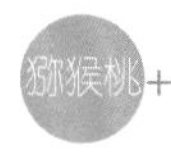

+

+

预防近视 / 开胃消食 / 美白皮肤 / 预防癌症

材料

猕猴桃……60 克

蓝莓……40 克

巧克力碎……适量

风味

酸奶……适量

做法

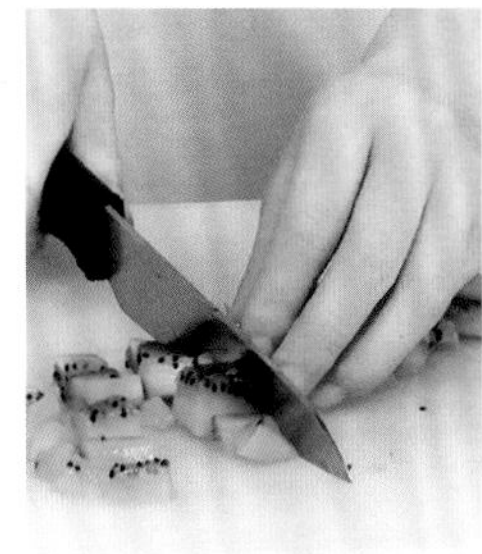

1 猕猴桃去皮，切成小块。

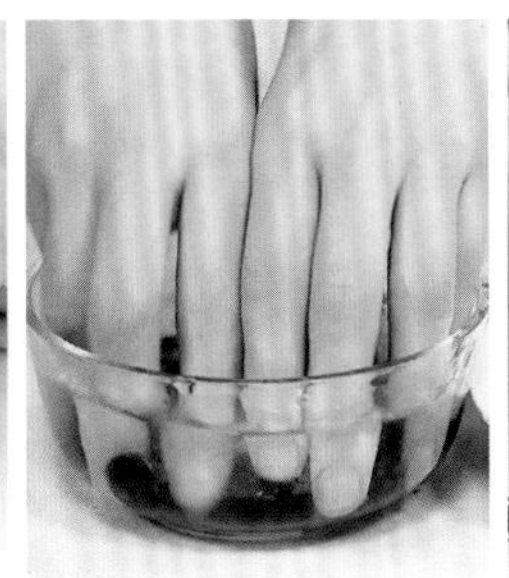

2 蓝莓对半切开。

3 榨汁机中倒入猕猴桃块、蓝莓、酸奶。

4 盖上盖子，搅拌均匀，制成奶昔。

5 把奶昔倒入装饰好的杯中。

6 撒上巧克力碎拌匀即可。

· 美味 VS 健康 ·

整天对着电脑和手机，让眼睛有点“不堪重负”，酸甜爽口的蓝莓猕猴桃奶昔快点喝起来吧。蓝莓具有预防近视、增强视力、增强免疫力等功效。

山药树莓椰奶昔

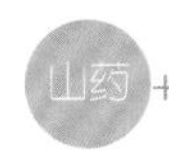

+
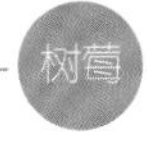

+

增强免疫力 / 抗衰老 / 滋润皮肤 / 抗癌

材料

山药……100 克

树莓……40 克

风味

牛奶……100 毫升

椰浆……150 毫升

做法

1 山药去皮，切成块。

2 将切好的山药放入榨汁机。

3 放入树莓。

4 倒入椰浆、牛奶。

5 盖上盖，装好机头。

6 启动机器，搅拌均匀即可。

· 美味 VS 健康 ·

山药特有的多糖成分可以增强人体免疫力，搭配酸甜可口的软糯树莓，有助于延缓细胞衰老。

菠菜苹果奶昔

+
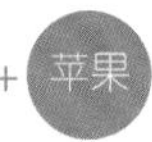

增强记忆力 / 帮助消化 / 保护视力 / 抗衰老

材料

菠菜......50 克

苹果......150 克

风味

酸奶......150 克

做法

1 菠菜切段。

2 苹果去核，切块。

3 把菠菜段、苹果块放入榨汁机。

4 加入酸奶，搅打均匀即可。

· 美味 VS 健康 ·

菠菜补铁，苹果补锌，再加入绵密的酸奶，是非常适合儿童食用的一道奶昔。

草莓奶昔

明目养肝 / 改善便秘 / 补血 / 防癌

材料

草莓……150 克

蜂蜜……10 克

风味

牛奶……250 毫升

做法

1 将草莓去蒂，切块。

2 将草莓块倒入榨汁机中。

3 加入牛奶，搅打均匀。

4 将奶昔倒入杯中，拌入蜂蜜即可。

· 美味 VS 健康 ·

草莓是水果中的皇后，其所含的胡萝卜素是合成维生素A的重要元素，具有明目养肝的作用。

香瓜树莓奶昔

 + 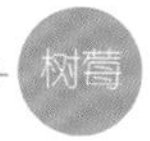

美容护肤 / 抗癌 / 帮助消化 / 增强食欲

材料

香瓜……………………200 克

树莓……………………30 克

风味

酸奶……………………200 克

做法

1 香瓜切成瓣，去籽、去皮，切成块。

2 将香瓜块倒入榨汁杯，放入树莓，留取少量树莓备用。

3 倒入酸奶。

4 盖上杯盖，安放在榨汁机上，启动机器。

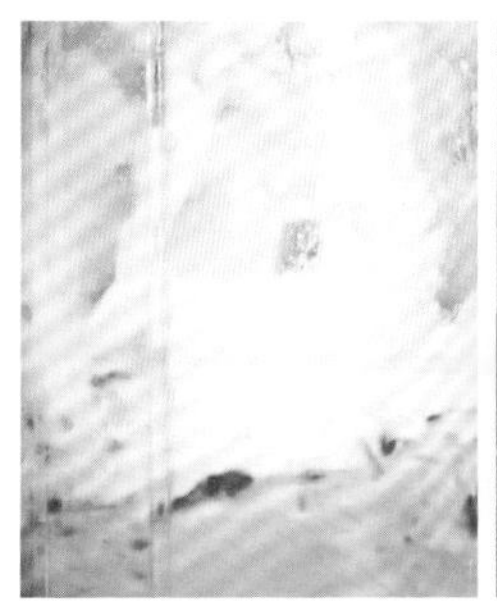

5 搅打成蔬果昔。

6 倒入杯中，点缀上树莓即可。

· 美味 VS 健康 ·

香瓜含有大量碳水化合物及柠檬酸等营养成分，且水分充沛，可消暑清热、生津解渴、祛除烦闷。香瓜还具有很好的利尿及美容护肤的作用。

杂莓奶昔

+
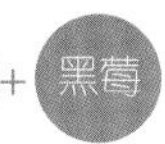

+

+

调节气色 / 补充营养 / 补血 / 帮助消化

材料

草莓……80克

黑莓……50克

蓝莓……40克

青柠檬……20克

白砂糖……5克

风味

牛奶……80毫升

做法

1 将草莓去蒂，对半切开。

2 将草莓、黑莓倒入榨汁杯中。

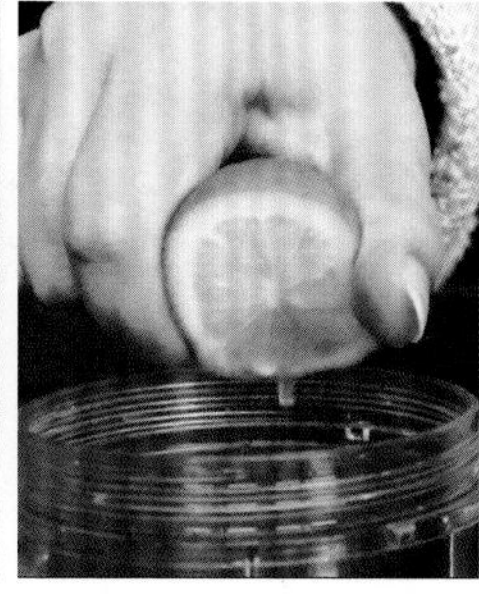

3 倒入蓝莓，挤入青柠檬汁。

4 倒入牛奶、白砂糖。

5 将榨汁杯安在榨汁机上。

6 打成昔，倒入杯中即可。

·美味 VS 健康·

黑莓被一些欧美国家称为"生命之果""黑钻石"，富含原花青素、硒等抗氧化活性物质，20多种氨基酸和微量元素，具有较高的营养价值。

草莓蜂蜜燕麦奶昔

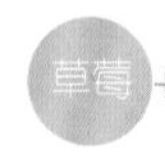

+

+

调节肤色 / 帮助消化 / 抗氧化

材料

草莓……………………………100 克

燕麦片…………………………50 克

蜂蜜、黑巧克力屑…………各少许

风味

酸奶……………………………200 克

做法

1 草莓去蒂，对半切开。
2 将草莓、燕麦片倒入榨汁机中。
3 倒入酸奶、蜂蜜，搅打均匀。
4 倒入杯中，撒上少许黑巧克力屑即可。

· 美味 VS 健康 ·

燕麦中含有大量的抗氧化成分，这些物质可以有效地抑制黑色素的形成，保持皮肤白皙靓丽。

西芹奶昔

补血 / 美白润肤 / 帮助消化 / 补充脑力

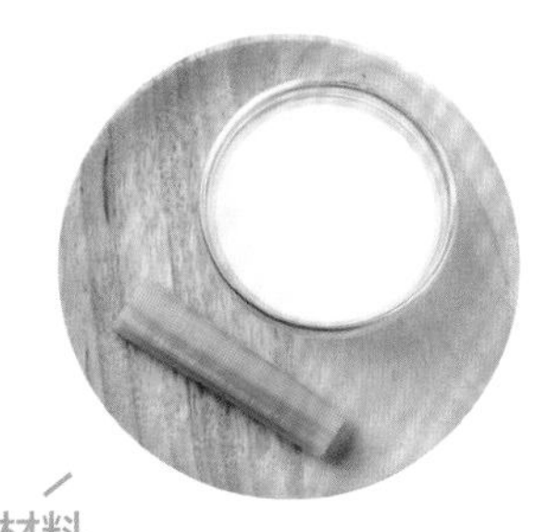

材料

西芹……………………………………80 克

风味

牛奶………………………………200 毫升

做法

1 西芹切段，留取少许叶子待用。
2 将西芹段倒入榨汁机中，倒入牛奶，搅打成汁。
3 将蔬菜汁倒入杯中，点缀上西芹叶即可。

· 美味 VS 健康 ·

西芹是高纤维食物，它经肠内消化作用产生一种抗氧化剂——木质素，能抑制肠内细菌产生致癌物质。

芒果奶昔

抗癌 / 助消化 / 止咳 / 明目

材料

芒果……………………………500 克

风味

酸奶……………………………200 克

做法

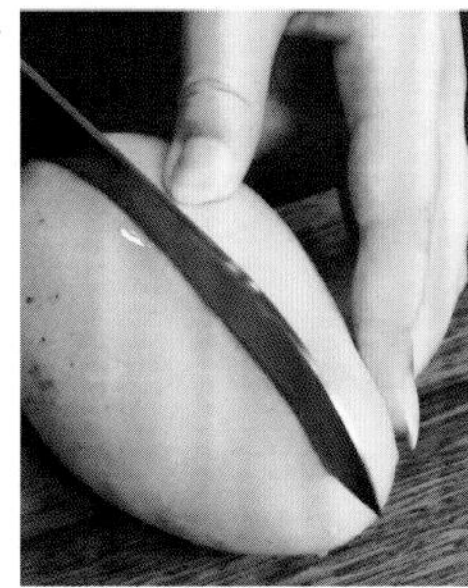

1 芒果贴着果核对半切开，去核。

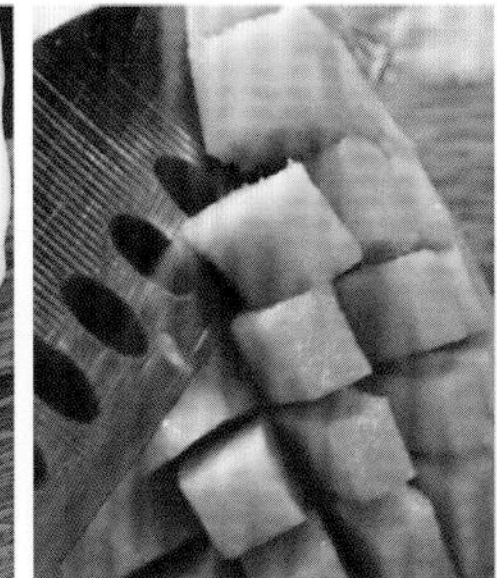

2 果肉打上网格花刀，切下果肉。

3 将芒果肉倒入榨汁杯中。

4 倒入酸奶。

5 盖上杯盖，安放在榨汁机上，启动机器。

6 把奶昔倒入瓶中即可。

· 美味 VS 健康 ·

芒果中的糖类及维生素含量非常丰富，尤其维生素 A 含量居各种水果之首，具有明目的作用。

芒果香蕉菠萝椰奶昔

芒果 + 香蕉 + 菠萝　促进胃肠蠕动 / 抗衰老 / 抗癌

材料

芒果……半个

香蕉……1 个

菠萝……1/4 个

风味

椰奶……200 毫升

做法

1 菠萝去皮，切小块。

2 香蕉去皮，切成小块。

3 芒果去皮，切成小块。

4 将所有食材放入榨汁机，倒入椰奶，搅打成昔即可。

· 美味 VS 健康 ·

菠萝中的蛋白酶可以促进蛋白质分解，消除腹部饱胀、油腻等不适感觉。

南瓜玉米奶昔

+
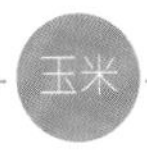

+

促进胃肠蠕动 / 降低胆固醇 / 对抗自由基 / 有益心脑血管

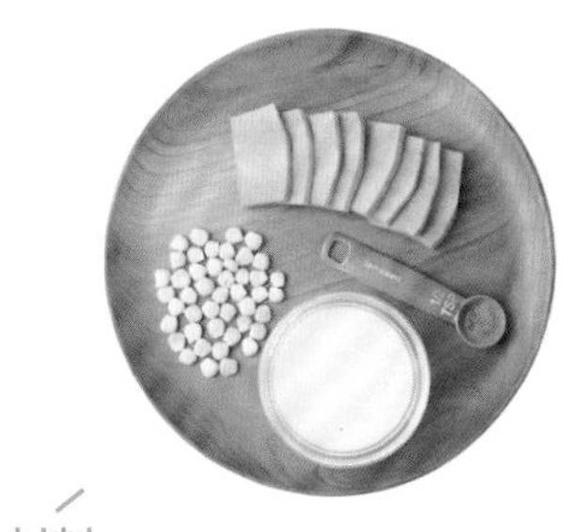

材料

南瓜……150克

玉米粒……60克

肉桂粉……少许

风味

牛奶……100毫升

做法

1 南瓜去皮，切成小块。
2 将南瓜和玉米粒一起倒入沸水锅中，焯至断生，捞出。
3 将南瓜和玉米粒放入榨汁机，倒入牛奶，搅打成昔。
4 撒上肉桂粉即可。

· 美味 VS 健康 ·

南瓜、玉米等黄色蔬菜含有大量的类黄酮，有助于对抗体内自由基，维护心脑血管健康。

油菜生菜黑芝麻奶昔

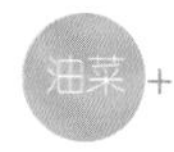

+

+

降血脂 / 健胃消食 / 增强免疫力 / 抗氧化

材料

油菜……50 克

生菜……100 克

黑芝麻……5 克

风味

酸奶……100 克

做法

1 油菜、生菜切成段。

2 将油菜段、生菜段倒入搅拌机中。

3 加入酸奶，搅拌均匀。

4 倒入杯中，撒上黑芝麻即可。

· 美味 VS 健康 ·

油菜为低脂肪蔬菜，且含有膳食纤维，能减少人体对脂类的吸收，故可用来降血脂。

黄瓜猕猴桃奶昔

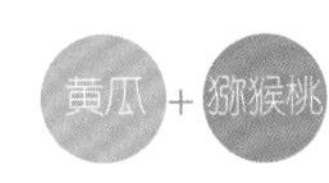

美白皮肤 / 降低胆固醇 / 抗衰老 / 增强免疫力

材料

黄瓜……70 克

猕猴桃……120 克

蜂蜜……15 克

风味

牛奶……200 毫升

做法

1 黄瓜切片，取部分用竹签穿好；猕猴桃去皮，切块。

2 把黄瓜片、猕猴桃块倒入榨汁机中，倒入牛奶、蜂蜜，搅打成昔，倒入杯中，点缀上黄瓜片即可。

·美味 VS 健康·

黄瓜中含有丰富的维生素E，可起到延年益寿、抗衰老的作用。

肉桂苹果香蕉奶昔

+

+

帮助消化 / 降低血压 / 保护视力 / 增强记忆力

材料

苹果……100 克

香蕉……120 克

肉桂粉……5 克

风味

牛奶……100 毫升

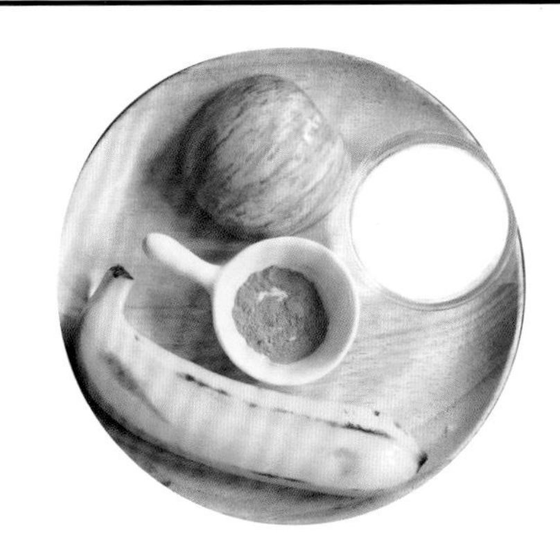

做法

1 苹果切几片薄片备用，剩余切块。

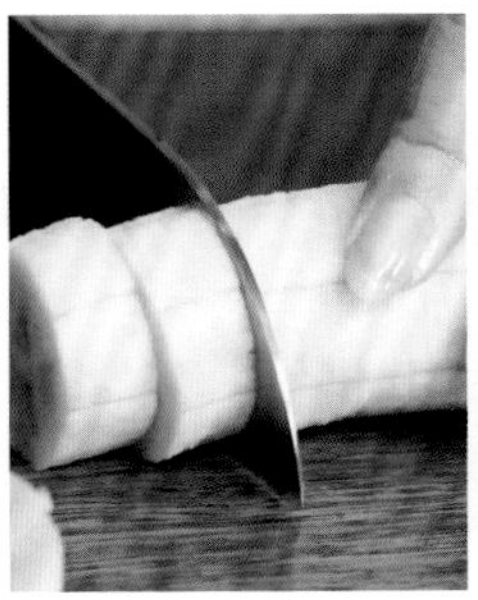

2 香蕉去皮，切块。

3 榨汁杯中放入苹果块、香蕉块。

4 倒入牛奶，盖上盖子，放在榨汁机上，打成昔。

5 将奶昔倒入瓶中。

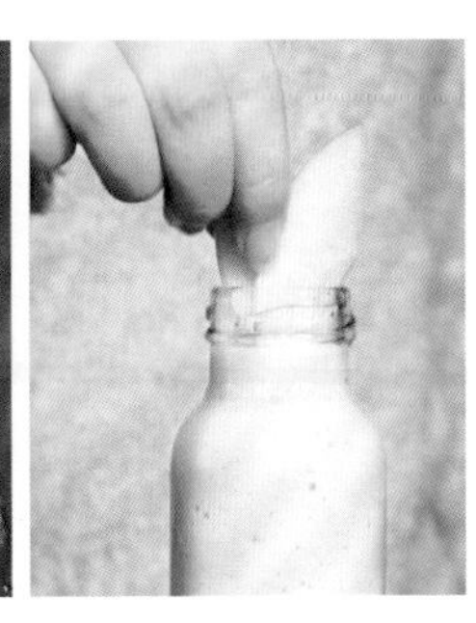

6 撒上肉桂粉，插上苹果片即可。

·美味 VS 健康·

苹果中所含纤维素，利于排便。苹果还含有丰富的有机酸，可刺激胃肠蠕动，促进消化。香蕉富含纤维素，可刺激肠胃蠕动，帮助消化。

500ml

木瓜杏仁奶

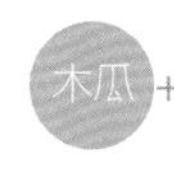

+
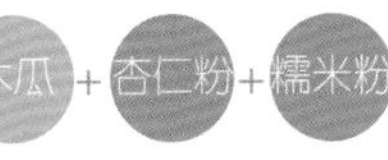

平肝和胃 / 美容润肤 / 降血压

材料

木瓜……200 克
杏仁粉……60 克
糯米粉……25 克
冰糖……10 克
温水……100 毫升

风味

牛奶……200 毫升

做法

1 木瓜装入榨汁机中，榨成泥。

2 温水中倒入糯米粉，搅拌均匀。

3 锅中倒入牛奶，小火加热。

4 稍有热度后倒入糯米汁，拌均匀。

5 加入杏仁粉、冰糖，即成奶茶。

6 将奶茶倒入杯中，加入木瓜泥即可。

·美味 VS 健康·

杏仁含有蛋白质、不饱和脂肪酸、膳食纤维、维生素 E 等营养成分，具有止咳平喘、润肠通便、美容润肤等功效。

第5章

时尚现制蔬果茶

当各种茶饮店遍地开花时，
我们已经对水果茶爱不释手了。
蔬果和茶也是非常好的搭配，
营养和味道的融合为各自增色不少。

蜂蜜百香果绿茶

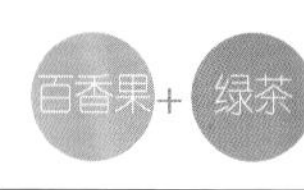

生津止渴 / 提神醒脑 / 润肠通便

材料

百香果……………………………50 克

蜂蜜………………………………15 克

风味

开水…………………………250 毫升

绿茶………………………………10 克

做法

1 将百香果切开，挖出果肉，备用。

2 绿茶中注入开水，泡 3 分钟。

3 过滤掉茶叶，放凉。

4 取一个杯子，将百香果肉倒入杯中。

5 注入茶水。

6 加入蜂蜜，拌匀即可。

· 美味 VS 健康 ·

百香果浓郁甘美、酸甜可口、果瓤多汁，加入茶水和蜂蜜，可制成芳香可口的时尚饮料，有“果汁之王”的美称，可帮助消化、补充维生素。

杂莓醋栗红茶

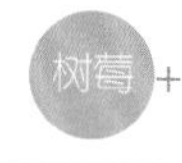

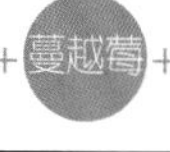
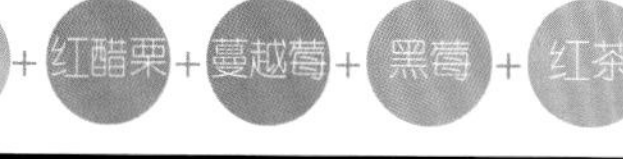

树莓 + 红醋栗 + 蔓越莓 + 黑莓 + 红茶　抗氧化 / 补血 / 明目乌发

材料

树莓……………………………60 克

红醋栗、蔓越莓、黑莓…各 30 克

风味

开水………………………… 200 毫升

伯爵红茶……………………………1 包

做法

1 伯爵红茶中注入开水，泡 2 分钟，过滤。

2 取部分红醋栗、蔓越莓放入榨汁机。

3 再放入部分黑莓、树莓。

4 倒入泡好的红茶，榨取果汁。

5 过滤好，倒入杯中。

6 将剩余水果倒入杯中即可。

· 美味 VS 健康 ·

蔓越莓对女性有很好的养护作用，而树莓、黑莓、红醋栗都有很好的补血作用。

柠檬薄荷绿茶

+

+
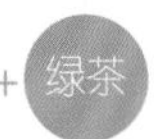

抗衰老 / 抗癌 / 杀菌 / 消炎

材料

柠檬……20 克

薄荷叶……3 克

风味

热水……200 毫升

绿茶……10 克

做法

1 柠檬切片。
2 绿茶中注入热水，泡 3 分钟，过滤。
3 柠檬片放入榨汁机中，注入少许清水，榨出汁，过滤。
4 将柠檬汁倒入杯中，加入泡好的绿茶，放入薄荷叶即可。

· 美味 VS 健康 ·

绿茶对防衰老、防癌、抗癌、杀菌、消炎等具有特殊效果。

柠檬梅子绿茶

+
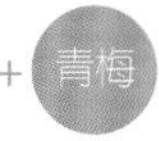

+

+

杀菌 / 增强食欲 / 预防高血压 / 止咳

材料

青柠檬……30 克

青梅……10 克

冰块、薄荷叶……各适量

风味

热水……200 毫升

绿茶粉……5 克

做法

1 青柠檬对半切开，切成片；青梅去核。

2 将绿茶粉倒入热水中，搅拌均匀，放凉。

3 再放入青柠檬片、青梅、薄荷叶、冰块即可。

· 美味 VS 健康 ·

青梅富含柠檬酸等有机酸，能促进三羧酸循环，迅速将疲劳元素排出体外，有增进食欲、消除疲劳等功效。

杂果柠檬冷泡茶

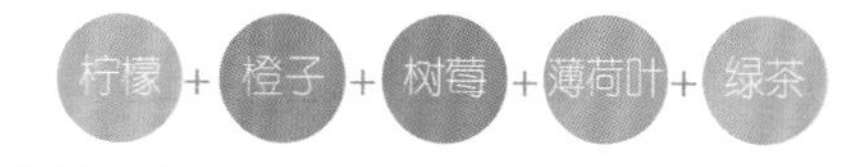

软化血管 / 补益肝肾 / 明目乌发

材料

柠檬……30 克

橙子……150 克

树莓……30 克

薄荷叶……5 克

风味

清水……300 毫升

绿茶……1 包

做法

1 柠檬、橙子切片。

2 备好杯子，放入柠檬片、橙子片。

3 放入薄荷叶、树莓、茶包。

4 注满清水。

· 美味 VS 健康 ·

柠檬含有烟酸和丰富的有机酸，其味极酸，但属于碱性食物，有利于调节人体酸碱度。鲜柠檬中维生素含量极高，是天然的美容佳品。

5 放入冰箱，冷藏4~8小时。

6 取出茶包即可。

蔓越莓红茶

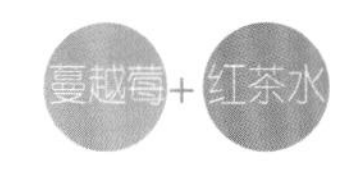

抗菌 / 预防心脏病 / 抗衰老 / 美容养颜

材料

蔓越莓干..............................25 克

风味

红茶水..............................20 毫升

做法

1 备好玻璃杯，放入蔓越莓干。

2 注入泡好的红茶，即可饮用。

· 美味 VS 健康 ·

蔓越莓红茶清新香甜又带点酸。蔓越莓富含单元不饱和脂肪酸、花青素与生物类黄酮，可养颜美容，口感酸酸甜甜，适合长期饮用。

土豆苹果红茶

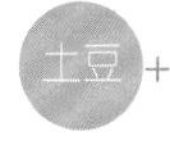

+

+

促进胃肠蠕动 / 抗衰老 / 养胃 / 瘦身

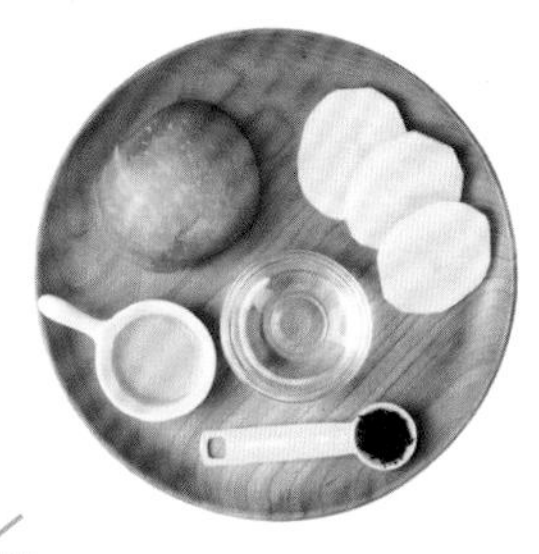

材料

去皮土豆……150 克

苹果……100 克

蜂蜜……15 克

风味

热水……250 毫升

红茶……10 克

做法

1 红茶中注入热水，泡 3 分钟，滤出；苹果切成块。

2 去皮土豆切块，焯至断生。

3 将土豆块、苹果块倒入榨汁机中，榨成汁，淋上蜂蜜即可。

· 美味 VS 健康 ·

土豆有利于维持人体内的酸碱平衡，红茶和蜂蜜可清理体内的化学毒素。

柠檬红茶

+
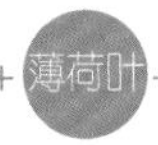

+

调节人体酸碱度 / 帮助消化 / 提神消疲

材料

柠檬……10 克

蜂蜜……5 克

薄荷叶……少许

风味

热水……150 毫升

红茶……1 包

做法

1 红茶中注入热水，泡 3 分钟，放凉。

2 柠檬切片。

3 部分柠檬片放入榨汁机中，留取部分待用。

4 榨汁机中倒入放凉的红茶，榨成汁，过滤入杯中。

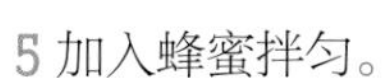

5 加入蜂蜜拌匀。

6 放入剩余柠檬片、薄荷叶即可。

· 美味 VS 健康 ·

蜂蜜有润肠的作用，经常便秘、容易生暗疮的人，可以用其改善这些症状。红茶具有提神消疲、清热解毒、延缓衰老等功效。

附录：蔬果醋

番茄醋

抗氧化 / 美容抗皱 / 清热生津 / 养阴凉血

材料

番茄……500 克

风味

米醋……1200 毫升

做法

1 将番茄洗净，沥干水分，切成块。
2 将切好的番茄放入容器中。
3 倒入米醋浸泡。
4 盖上盖子，密封保存 45 天后，即成番茄醋。

·饮用方法·

制成后，用 5 倍的凉开水稀释后即可饮用。

甜菜根醋

健胃消食 / 止咳化痰 / 顺气利尿 / 消热解毒

材料

甜菜根……………………500 克

风味

米醋……………………1200 毫升

做法

1 将甜菜根洗净，自然风干，去皮，切块。
2 将切好的甜菜根放入容器中。
3 倒入米醋浸泡。
4 盖上盖子，密封保存 30 天后即成甜菜根醋。

· 饮用方法 ·

每天皆可饮用，每次 30 毫升，以 5 倍的凉开水稀释后饮用。

辣椒醋

辣椒　增强肠胃蠕动 / 预防胆结石 / 降低血糖 / 抗菌

材料

红色牛角辣椒……………………500 克

冰糖……………………………1000 克

风味

米醋…………………………2000 毫升

做法

1 将红色牛角辣椒洗净，风干水分，对半切开。

2 将辣椒连籽一起放入容器中。

3 加入冰糖，倒入米醋浸泡。

4 盖上盖子，密封保存 45 天后，即成辣椒醋。

· 饮用方法 ·

每次取 30 毫升辣椒醋，用 5 倍的凉开水稀释后饮用。

柠檬醋

杀菌 / 预防高血压 / 提高凝血功能 / 调节人体酸碱度

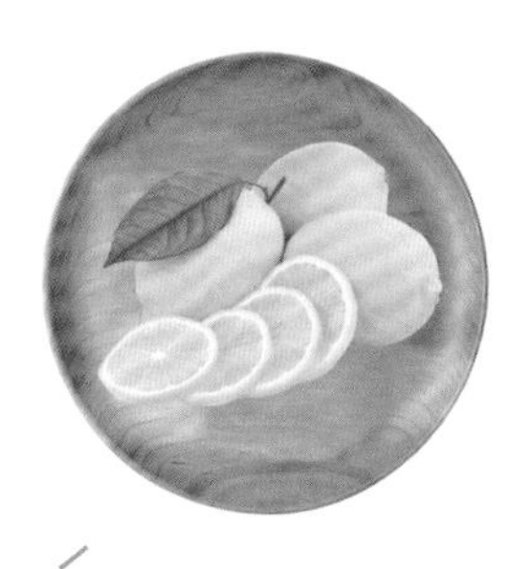

材料

柠檬……………………………… 500 克

风味

米醋…………………………… 1200 毫升

做法

1 将柠檬洗净，自然风干，连皮切片，保留果核。
2 将切好的柠檬放入容器中，倒入米醋浸泡。
3 盖上盖子，密封保存 45 天即成柠檬醋。

· 饮用方法 ·

每天皆可饮用，每次 30 毫升，以 5 倍的凉开水稀释后饮用。

葡萄醋

缓解低血糖症状 / 抗衰老 / 防止血栓形成

材料

葡萄……………………………500 克

风味

米醋…………………………1200 毫升

做法

1 将葡萄洗净，自然风干，留果皮与籽。
2 将葡萄放入容器中。
3 倒入米醋至没过葡萄。
4 盖上盖子，密封保存 45 天后即成葡萄醋。

· 饮用方法 ·

每天皆可饮用，每次 30 毫升，以 5 倍的凉开水稀释后饮用。

桑葚醋

降低血脂 / 防止血管硬化 / 健脾胃 / 明目养肝

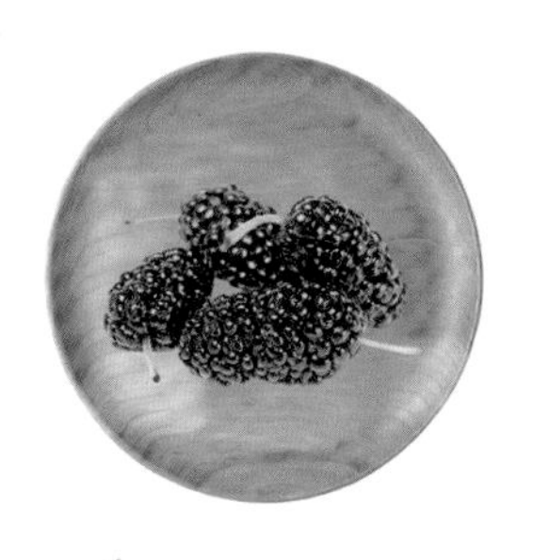

材料

桑葚………………………… 500 克

风味

糙米醋……………………… 1000 毫升

做法

1 选用时令桑葚，用开水或米酒洗净，自然晾干。
2 将桑葚放入容器中。
3 再倒入糙米醋浸泡。
4 盖上盖子，密封保存2个月以上。

· 饮用方法 ·

以 5 ~ 8 倍的开水稀释，除餐后饮用外，也可以多泡一些，当作日常饮料饮用。

苹果醋

苹果 预防便秘 / 增强记忆力 / 生津止渴 / 清热除烦

材料

苹果……500 克

白砂糖……100 克

风味

糯米醋……500 毫升

做法

1 将苹果洗净，切片，沥干水分，静置至苹果表面水分完全蒸发。
2 将切好的苹果放入容器中。
3 加入白砂糖，倒入糯米醋，没过苹果浸泡。
4 盖上盖子，密封保存 2 ~ 3 周。

·饮用方法·

以 5 ~ 8 倍的开水稀释，除餐后饮用外，也可以多泡一些，当作日常饮料饮用。